主　编　孙　刚　张光富

副主编　俞建国　孙可迅　周丹婷

编写人员　毛　丽　陈翕兰　陆美蓉
陈建华　杨国富　施忠华
杨永康　曹晓凯

南通林木种质资源

孙 刚 张光富 主编

GERMPLASM RESOURCES OF FOREST TREES IN NANTONG

南京师范大学出版社

图书在版编目（CIP）数据

南通林木种质资源 / 孙刚，张光富主编. — 南京 ：南京师范大学出版社，2020. 12

ISBN 978 - 7 - 5651 - 4302 - 1

Ⅰ. ①南… Ⅱ. ①孙… ②张… Ⅲ. ①林木 - 种质资源 - 南通 Ⅳ. ①S722

中国版本图书馆 CIP 数据核字（2020）第 221263 号

书　　名	南通林木种质资源
主　　编	孙　刚　张光富
策划编辑	郑海燕
责任编辑	向　磊
出版发行	南京师范大学出版社
地　　址	江苏省南京市玄武区后宰门西村 9 号(邮编:210016)
电　　话	(025)83598919(总编办)　83598412(营销部)　83373872(邮购部)
网　　址	http://press.njnu.edu.cn
电子信箱	nspzbb@njnu.edu.cn
照　　排	南京开卷文化传媒有限公司
印　　刷	南京工大印务有限公司
开　　本	718 毫米×1000 毫米　1/16
印　　张	18.25
字　　数	314 千
版　　次	2020 年 12 月第 1 版　2020 年 12 月第 1 次印刷
书　　号	ISBN 978 - 7 - 5651 - 4302 - 1
定　　价	118.00 元

出 版 人　张志刚

目 录
Contents

前　言
Foreword

林木种质资源(germplasm resources of forest trees)是以物种为单元的遗传多样性的全部样本,而遗传多样性是物种多样性和生态系统多样性的前提和基础(Vauhkonen *et al*.,2019)。因此,林木种质资源是人类生存和发展的战略性资源,是维持国家或地区生态安全的重要保证,也是林木品种科技创新的基础资源。由于种质资源具有可再生和易遭受破坏而丧失的双重特性(江西省林木种苗和林场管理局,2011),因此世界上很多发达国家高度重视林木种质资源的野外调查、种质保存、科学管理和合理利用。

南通市地处长江三角洲东北部,集“黄金水道”“黄金海岸”于一身,素有“江海门户”之称。其南临长江,经苏通大桥、崇启大桥两条跨江通道分别与苏州市、上海市跨江相连,东濒黄海,西北与盐城市接壤,西与泰州市为邻,区位优势明显。南通市陆域面积 8 001 km^2,人口为 731 万,下辖如东 1 县,海安、如皋、启东、海门 4 市,崇川、港闸、通州 3 区及南通经济技术开发区,为全国 14 个进一步对外开放沿海城市之一。南通地处长江三角洲冲积平原,属亚热带季风气候,受海洋性气候影响,四季分明,气候温和,光照充足,雨水充沛,无霜期长。2019 年,全市林木覆盖率达 25.86%;城市建成区绿化覆盖率 44.00%。近年来,随着南通市成功创建国家森林城市，南通市的绿化和园林建设又有了新的发展。

根据江苏省林业局统一部署和南通市自然资源和规划局（含原南通市农业委员会林果指导站）的总体安排，于2017年初启动了境内的林木种质资源清查工作。南京师范大学的植物分类专业调查队伍和南通市及下属各乡镇或街道的林业技术人员于2017年初对南通市境内的林木种质资源进行了试点调查，并将全市划分3个片区：北方片区[包括3个县（市）：海安、如皋和如东]、中部片区（包括3个区：通州、崇川和港闸；通州区原为南通县）和南部片区（包括两个市：启东和海门）。2017年9月，江苏省林业局组织召开了南通林木种质资源调查方案评审会，来自南京林业大学、江苏省林业科学研究院和江苏省林业局资源检测中心的与会专家一致通过了南通林木种质资源调查方案，并根据地形地貌建议将南通市境内划分为以下7个调查单元：海安县（2018年撤县建市）、如皋市、通州区、崇川区和港闸区、海门市、启东市。随后，南京师范大学的植物学专业队伍和南通市及各乡镇或街道的林业技术人员经过三年多野外调查，采用江苏省林业局制定的《江苏省林木种质资源清查技术标准》，对南通市7个调查单元的野生和栽培林木种质进行了广泛调查，初步查明了南通市境内林木种质资源的种类、数量及分布现状。在此基础上，经过数据分析、种类鉴定和照片整理，项目组分别撰写出7个调查单元的分报告以及南通市的总报告，并将每份林木种质资源录入江苏林木信息系统。2019年12月，江苏省林业局组织相关专家，通过了对南通市的林木种质资源清查工作的检查和验收。根据验收意见，会后对个别林木种质的录入信息进行了修改和完善。

这是首次对南通市开展林木种质资源清查工作。尽管此次调查工作时间紧、任务重、技术难度大、专业性强，但是高校师生与基层林业工作者通力合作，克服各种困难，顺利完成了既定的目标任务。通过此次调查，首次摸清了南通市林木种质资源的基本家底，而且还有不少新的可喜的发现。在调查过程中发现了多种迄今为止江苏境内已知的最大栽培木本植物单体，例如江苏最大的枇杷[*Eriobotrya japonica*（Thunb.）Lindl.]，基部周长达 158.5 cm——位于海门市余东镇长圩村 24 组；江苏最大的紫薇（*Lagerstroemia indica* Linn.），基部周长 353.0 cm——位于启东市吕四镇杰相私人博物馆；江苏最大的木香（*Rosa banksiae* Ait.），胸高处的周长达 73.0 cm——位于如皋市水绘园盆景园内。调查中还发现了江苏境内唯一的一株尾叶紫薇（*Lagerstroemia caudata* Chun et How）。这些发现先后被《南通日报》、南通电视台和江苏林业局网站等陆续报道。针对调查中发现的部分林木种质资源保护存在的问题，当地林业主管部门迅速采取了相应的措施，如调查中发现少数古树茎干上附生植物问题，通州区林果站对辖区内的古树名木种质资源进行了抢救性保护，并取得了良好的实际效果。

本书是在南通林木种质资源清查的基础上，结合编者最近四年来的野外调查数据，并参考最新相关文献资料整理分析撰写而成。全书主要介绍了南通市自然地理概况、林木种质资源清查的内容与方法、全市林木种质资源的现状（类型、数量及分布）以及种质资源保护利用的相关对策。书中将该区的林木种质划分为 4 大类：野生林木种质资源、栽培林木种质资源、古树名木和来源不明的林木种质资源。描述了每种林木种质资源在野外分布的具体地点、种质类型和种质特点，并附有主要种质资源的调查照片。此外，书后还附有南通市林木种质资源名录和木本植物名录。

本书根据野外第一手调查资料，不仅分析了南通市境内的林木种质资源的现状及特点，而且将区域内所调查的每份林木种质资源录入江苏林木信息系统，这为该区今后林木种质资源的动态监测、合理保存以及可持续利用提供了科学依据。

在南通市林木种质资源调查过程中，野外工作得到了江苏省林业局种苗管理站、南通市农业农村局（原南通市农业委员会）、南通市自然资源与规划局的大力支持，南京师范大学作为技术主持单位，指导并参与制订了全市调查方案以及野外调查实施细则、野外调查数据的分析、野外植物照片的整理、林木种质资源的汇总与审核等工作；南通市各级林业单位有关技术人员参与了部分外业调查；南京师范大学植物专业研究生彭仙丽、李倩、朱伟、叶鹏程、蒋若衍、刘洁、邵丽鸳、李恺頔和宋一凡等同学参加部分外业调查或内业整理。因此可以说，本书是不同专家学者、林业管理人员以及基层林业技术人员共同努力的结晶。在书稿的编排过程中，还得到了南京师范大学出版社郑海燕主任和徐蕾总编辑的大力关心。向磊编辑对本书稿进行了仔细编排、校对和修改。在此，谨对上述单位及个人致以崇高的敬意与衷心的感谢！

由于编写水平有限，加之时间仓促，书中的缺点甚至错误在所难免，恳请读者批评指正。

编　者

2020 年 4 月

第一章
南通的自然地理条件与社会经济概况

南通市，江苏省地级市，位于江苏东南部，长江三角洲北翼 ，简称“通”，别称静海、崇州、紫琅、北上海，古称通州。南通市陆域面积8 001 km^2，属长江三角洲冲积平原，处于亚热带季风气候区，为山水旅游城市，是以“中国近代第一城”著称的历史文化名城（房健，2008）。下辖如东 1 县，海安、如皋、启东、海门 4 市，崇川、港闸、通州 3 区及南通经济技术开发区。为全国 14 个进一步对外开放沿海城市之一，也是全国闻名的“纺织之乡”“建筑之乡”“教育之乡”“体育之乡”“文博之乡”“长寿之乡”“平安之乡”“新侨之乡”，先后获全国文明城市、国家环保模范城市、国家卫生城市、国家园林城市、国家森林城市、国家生态市、全国社会治安综合治理优秀城市、全国科技进步先进市、中国服务外包风采城市、全国绿化模范单位等荣誉。

本章主要概述南通市的自然地理条件、社会经济概况以及在开展此次林木种质资源清查前的相关林木调查背景资料。

第一节　自然地理条件

自然环境通常是在地质、地貌、气候、水文、土壤以及植物、动物等多种要素相互联系和相互制约下共同作用而形成的。南通市属典型的大陆型地形，为长江冲积平原，区域内河流纵横，地势平坦，土地肥沃，属北亚热带湿润季风气候。该区具有四季分明的气候状况、水量充沛的水文条件和以人工植被类型为主的基本特征。

一、地理位置

南通市位于江苏东南部，紧临长江、黄海，地理位置优越，区域交通便利。

南通市位于中国东部海岸线与长江交汇处，长江入海口北翼，与上海市隔江相望，是江苏唯一同时拥有沿江沿海深水岸线的城市，是上海大都市圈北翼门户城市、中国首批对外开放的 14 个沿海城市之一、长三角北翼经济中心、现代化港口城市和国家历史文化名城。南通集“黄金海岸”与“黄金水道”优势于一身，素有“江海门户”之称，拥有长江岸线 226 km，是江苏长江经济带的重要组成部分（赵媛，2011）。

南通市地处北纬 31°41′06″～32°42′44″和东经 120°11′47″～121°54′33″。南北最大距离 114. 2 km，东西最宽处为 158. 8 km。东抵黄海，南濒长江，与上海、苏州隔江相望，西、北分别与泰州、盐城接壤，“据江海之会、扼南北之喉”，处于沿海经济带与长江经济带 T 型结构交会点和长江三角洲洲头，隔江与上海、苏南灯火相邀，北接广袤的苏北平原，通过铁路与欧亚大陆桥相连；从长江口出海可通达中国沿海和世界各港，被誉为“北上海”（图 1－1）。

图 1－1　南通市地理位置示意图

［南通市电子地图来源：http：//zrzy. jiangsu. gov. cn/jsbzdt/dtll/map _ nt/index. html，审图号：苏 S（2019）014 号］

二、地质地貌

南通地区位于扬子陆块最东段，基底形成于元古代，以轻变质岩系为主。震旦纪至早三叠世，形成下扬子海盆，是一个沉降拗陷带，在稳定地台型沉积环境下，交替沉积了巨厚的碎屑岩和碳酸盐岩，地壳运动以升降运动为主，海水多次进退。三叠纪晚期的印支运动，使区内地层产生褶皱并伴随断裂，形成大致东北向的隆起和拗陷，下扬子海消失，转而成为陆相环境。燕山运动使区内地层发生强烈断裂，生成东北向隔挡式断裂带，断裂以东北向即纵向断裂为主，伴有西北向横张断裂及东西向断裂。沿断裂带有大量中基性、中酸性岩浆侵入和火山喷发。晚侏罗世和晚白垩世，在山间断陷湖盆中有河湖相碎屑岩和火山碎屑岩沉积。古近纪（早第三纪）喜马拉雅运动使差异升降活动加强，如皋西北部和海安一带为苏北——南黄海中部拗陷，总体显示持续性下降，河湖相碎屑沉积物厚度超过 2 000 mm。南通沿江地区属南通——南沙相对隆起区，缺失古近纪地层沉积。新近纪（晚第三纪）全区整体下沉，沉积了杂色碎屑岩，但大部分属砂层与黏性土层交互的松软地层，尚未固结成岩（南通市地方志编纂委员会，2016）。

南通三面环水，形似半岛。全境除长江边狼山一带为山丘地貌外，其余为平原，可分为狼山浅丘区、海安里下河低洼潟湖沉积平原区、北岸古沙咀区、通吕水脊海河相沉积平原区、南通古河汊水网平原区、南部新三角洲平原区、三余海积低平原区、沿海海积平原及海滩与盐场区。地势低平，地表起伏较微，高程2.0～6.5 m，自西北向东南略有倾斜。平原辽阔，河、江、海贯通，水网密布是其显著特征。军山海拔 108.5 m，为全市最高点。

总体上，南通市属典型的大陆型地形，地处长江冲积平原，河流纵横，地势平坦，耕层深厚，适耕性强，有利于林木资源的分布与生长。

三、气候条件

南通市境内县、区、市气候相近，均属北亚热带季风气候。这里光照充足，雨水充沛，无霜期长，四季分明，温和宜人。由于地处中纬度地带、海陆过渡带，常见的气象灾害有洪涝、干旱、梅雨、台风、暴雨、寒潮、高温、大风、雷击、冰雹等，是典型的气象灾害频发区。按近 30 年的资料统计，南通市年平均气温在15 ℃左右，年平均日照时数达2 000～2 200 h，年平均降水量1 000～1 100 mm，且雨热同季，夏季雨量约占全年雨量的40%～50%。常年雨日平均120 d左右，6～7月常有一段梅雨期。

四、河流水系

南通境内地势平坦，河沟成网。老通扬运河接如泰运河到沿海出口以南为长江流域，面积5 700多km^2；以北为淮河流域，面积2 200多km^2。

南通一级河道主要有焦港河、如海运河、九圩港河、如泰运河、通扬运河、新通扬运河、通吕运河、通启运河、新江海河、北凌河、栟茶运河等，总长742.34 km；二级河道105条，总长1 760.58 km。另外，还有众多三、四级河道。各级河道交织成网，相互沟通，经过多年的建设与整治，形成一个能够引流、蓄水、调度和通航利用的发达河网水系。

长江干流南通段全长87 km，江面宽6～18 km，多年平均大通流量每秒2.87万m^3，水资源丰富。长江干流河段水质良好，中泓水质符合Ⅱ类水标准，是南通市的主要供水水源，也是南通市对外水上运输的重要通道。

五、土壤

南通主要有四大土类，分别为潮土、水稻土、盐土和棕色石灰土。潮土占耕地总面积的86.86%，分布于江北岸古沙洲平原上，成土年龄早的约5 000年，近的只有一二百年。水稻土占耕地面积的9.43%，主要分布在里下河洼地古湖沉积平原区和中部古河汊水网平原区。盐土占耕地总面积3.71%，主要分布在海安、如东、通州、海门、启东等县（市、区）堤岸内侧的带状区域。盐土土体及浅层地下水含有较多的可溶性盐分，影响作物生长，经长期引淡淋盐，改造土壤，含盐量逐渐降低。棕色石灰土分布在市区南郊五山（狼山、军山、黄泥山、马鞍山和尖山）地带。

第二节　社会经济概况

南通地理位置优越，经济基础良好，辖区内多个县、市（县级市）的经济实力多年来位居全国百强县行列。一个地区林木种质资源的保护与利用，不仅与其自然地理条件密切相关，也与当地的社会经济发展水平密不可分。因此，这里简要介绍南通目前的行政区划、人口组成、民族特征，以及国民生产方面的主要概况。

一、行政区划

南通地处中国华东地区、江苏东南部，总面积 8 001 km^2，占全省的 7.46%。南通简称“通”，古称通州，别称静海、崇州、崇川，属江苏省地级市。

1989 年后，启东、如皋、南通、海门先后撤县设市（南通县改称通州市）。

2009 年 2 月，撤销江苏省通州市，设立南通市通州区。

2018 年 5 月，撤销海安县，设立海安市，由江苏省直辖，南通市代管。

截至 2019 年 11 月，南通市辖 3 个区（崇川区、港闸区、通州区），1 个县（如东县），代管 4 个县级市（启东市、如皋市、海门市、海安市）及南通经济技术开发区。

二、人口与民族

南通市为多民族杂居地区，有常住人口 731 万人。民族构成以汉族为主，汉族人口占常住人口 99.7%以上。有少数民族 52 个，少数民族人口约占常住人口 0.3%。常住人口 1 000 人以上的少数民族有苗族、土家族、侗族、布依族、彝族、回族。截至 2019 年末，城镇人口 482.35 万人，比上年增长 2.62%；城镇化率 66.03%，比上年提高 1.66 个百分点。南通市户籍人口 759.8 万人。全市人口出生率 5.9‰，人口死亡率 8.6‰，人口自然增长率 −2.7‰。

南通市地处吴越文化与江淮文化交会之地，文化底蕴深厚，文化事业基础设施完善，大众文化普及，是远近闻名的全国文化先进市、国家历史文化名城。启东、海门及如东、海安少数临海地区，讲吴语系启海话；如皋与如东、海安绝大部分地区，讲江淮语系如海话；崇川、港闸和通州兴仁、石港、刘桥、平潮等地区，讲江淮语系南通话；通州二甲、余西等地区，讲“通东话”，其声、韵、调系统与吴语大相径庭，带有某些南通话特征。南通民俗风情与周边地区有相似之处，启东、海门有吴地风俗特色，如皋、如东、海安地区风俗与扬州、泰州地区较为相近。南通成陆较迟，南通的先民多“流人”和外来移民，在长期较为封闭的环境中，南通地区的时节、聚会、礼仪、生活、生产交易、五匠、游艺、婚丧喜庆等习俗因地域不同而呈现不同的特色。

三、国民生产

改革开放后，生产关系的大胆调整和改善，市场竞争机制引入后对劳动者积极性和创造力的充分激励和调动，再加上现代科学技术突飞猛进，这一切都使南通市社会生产力得以获得空前的发展活力。1978 年，南通市地区生产总值仅为 29.4 亿元，而 1978 年，党的十一届三中全会召开，1984 年，南通成为 14 个沿海开放城市之一，加速了南通社会经济的历史性巨变。2004 年，南通市地区生产总值超过千亿元（1 195.7 亿元），2008 年达到 2 510 亿元，2012 年达到 4 559 亿元。人均地区生产总值（GDP），1978 年南通市为 408 元，1986 年超过千元（1 055 元），2001 年超过万元（10 078 元），2008 年达到 35 040元，2012 年达到 65 222 元，2019 年达到 128 295 元。改革开放 40 多年，南通年度地区生产总值和人均地区生产总值扶摇直上，均翻了六番多，呈几何级数趋势加速度扩张。

此外，2020 年南通市政府工作报告指出：南通市 2019 年认真学习贯彻习近平新时代中国特色社会主义思想和党的十九大精神，以纪念改革开放 40 周年为动力，按照省委、省政府赋予南通争当“一个龙头、三个先锋”的新定位、新使命，在市委的正确领导下，扎实推动“六个高质量”发展，统筹做好各方面工作，较好地完成全年目标任务，全区地区生产总值（GDP）稳步提高。实现地区生产总值 9 383.4 亿元，同比增长 6.2%；在减税降费 142.8 亿元的基础上，一般公共预算收入 619.3 亿元，增长 2.2%；全社会研发投入占地区生产总值比重 2.5%；固定资产投资增长 6.6%；社会消费品零售总额增长 5.6%；出口总额增长 2.3%；城镇、农村居民人均可支配收入分别为 50 217 元、24 303 元，分别增长 8.4%、8.6%；居民消费价格涨幅 3.2%；城镇登记失业率 1.75%，新增就业 11.5 万人；完成省下达节能减排任务。

近年来，南通市深入贯彻落实习近平新时代中国特色社会主义思想和新发展理念，使区域内经济和社会等各项事业得以持续稳定发展，生态环境质量持续改善，人民生活质量不断提升，群众获得感日益增强。

第二章
南通林木种质资源研究概述

林木种质资源（trees germplasm resources）是人类生存和发展的战略性资源，是维持国家或地区生态安全的重要保证，也是林木品种科技创新的基础资源。南通地处长江入海口北翼，由于涨沙冲积成陆，迄今已有 5 000 多年的历史。该区地处亚热带湿润季风气候区，适合不同类型的林木种质资源的生长与保存。由于该区长期以来人为活动强烈，特别是最近三十多年来区域经济的快速发展，对当地的林木种质的生长、分布以及保存造成了深刻的影响。

因此，本章首先简要剖析林木种质资源的概念，然后阐述依照目前国内外标准进行林木种质资源清查的主要内容，最后概要介绍南通市境内的林木种质资源研究的现状。

第一节　林木种质资源

由于林木种质资源是森林资源的重要组成部分，因此长期以来国外对其研究高度重视。我国地域广阔，物种丰富，森林资源复杂多样。与发达的欧美国家相比，我国对林木种质资源重视程度明显不足，目前仅有少数省份开展过林木种质资源清查（李帮同和徐树文，2002；陈剑英，2004；谢国阳，2020；余玉磊等，2020）。由于我国此类调查开展得较为零星，不同学者对林木种质资源的理解存在一定的差异。因此，在此首先简要阐述林木种质资源的概念与清查内容。

一、林木种质资源的概念

根据《中华人民共和国林木种质资源保存原则与方法（GB/T 14072—1993）》，种质（germplasm）是指亲代通过有性生殖过程或体细胞直接传递给子代并决定固有特性的遗传种质基因。林木种质资源在该标准中是指林木种及种以下分类单位具有不同遗传基础的林木个体和群体的各种繁殖材料总称。江西省林木种苗和林场管理局（2011 年）在《江西林木种质资源》一书中认为，林木种质资源是指具有现实和潜在利用价值的以物种为单元的森林植物遗传多样性资源，是在特定地理生态空间和时间上形成的种内全部基因的遗传载体材料。前者侧重于物种以及种下水平的遗传资源，后者则侧重现实和潜在的利用价值的遗传多样性。

根据《江苏省林木种质资源清查技术标准》（2018 年 5 月修订版），林木种质资源是指林木种、种以下分类单位及具有各个不同遗传基础，当前或未来可能用于树种改良或营林生产的林木个体或群体的总称。一般包含天然资源和为育种等工作而收集的原始材料。本书采用这一观点。

二、林木种质资源清查内容

为加强林木种质资源的保护和开发利用，定期开展区域内的林木种质资源清查具有重要的实践价值。参考《江苏省林木种质资源清查技术标准》，我们拟将南通林木种质资源划分为以下 5 类：

（1）野生林木种质资源：天然林内及其他处于野生状态的林木种质资源。

（2）收集保存林木种质资源：种子园、采穗圃、母树林、采种林、遗传试验林、植物园、树木园、种质资源保存林（圃）、种子库等专门场所保存的林木种质资源。

（3）栽培利用林木种质资源：造林工程、城乡绿化、庭院绿化、四旁绿化、经济林果园等人工种植的林木种质资源。

（4）古树名木：古树指在人类历史过程中保存下来的年代久远或具有重要科研、历史、文化价值，树龄在 100 年以上的树木；名木指在历史上或社会上有重大影响的中外历代名人所植或者具有极其重要的历史、文化价值、纪念意义的树木（国家林业局，2002；付兆军等，2014）。

（5）来源不明的林木种质资源：指所有来源不明、产地不清的种或种下分类单位的林木种质资源。

以上 5 种类型的林木种质资源清查均不包括仅能在室内或人工设施条件下栽培的南方观赏植物等林木种质资源。

第二节　南通林木种质资源研究概况

由于南通濒临黄海和长江，地势低缓，境内没有高山，加上不同地区的人为开发力度均较大，因此其现状植被主要以人工林为主，仅在局部地段保留有少量残存的次生林（Zhang *et al*.，2006）。现有的文献资料研究表明，长期以来我们对南通林木种质资源缺乏系统而专业的调查。

一、南通林木种质资源研究概况

南通的林业资源总量较少，以平原林业为主（孙刚，2010）。近来，南通林业工作在市委、市政府的正确领导和省林业局的大力支持下，有了长足发展，取得了显著成绩。近 5 年来，南通市农业委员会（林业局）大力推进以“两沿三园”（沿路、沿水、工业园、农业园、农村家园）绿化为辐射点的平原林化发展新格局，积极探索以道路林网、水系林网、农田林网为脉络，以绿色村庄、湿地等为分布点的生态建设，创造了南通林业发展的新模式。南通市先后荣获沿海防护林体系建设先进单位、全国林木种苗质量管理先进集体、绿色江苏建设一等奖、绿色江苏建设植树造林先进市、江苏省森林资源连续清查质量优秀奖等一系列荣誉称号。

据初步统计，南通全市现有木本植物 73 科、157 属、271 种。全市林业用地总面积为 6.7 万 hm^2，其中有林地 4.7 万 hm^2，活立木蓄积量为 260 万 m^3，四旁树总株数达 7 245 万株。有林地中经济林占地最大，湖桑为 2.9 万 hm^2，果树为 0.6 万 hm^2。此外，南通市江堤长 292 km，一道海堤长 216 km，二、三道江海堤长 600 余 km，大中型骨干河道长 2 514 km，纵贯全市的三、四级河道长18 480 km，等级公路铁路里程达 2 450 km。不少海堤及河道两侧均有大量的人工林。全市森林覆盖率已达 24.34%。

“两沿三园”建设以来，全市森林资源持续稳定增长，特别是绿色江苏现代林业工程总体规划中野生动植物保护、湿地资源保护与恢复、自然保护区建设、国家森林公园等一系列生态建设工程的实施，以及南通市近年来通过创建国家森林城市，全市森林资源保护管理力度明显加大，植物资源（含栽培种类）明显增加。如优质梨、湖桑和银杏等经济林分布广泛，海堤防护林也独具特色。

为加强林木种质资源的保护和开发利用，根据《中华人民共和国种子法》《江苏省种子条例》及《江苏省政府办公厅关于加强林木种苗工作的实施意见》（苏政办发〔2013〕86号），江苏省林业局决定从2014年至2017年在全省范围内开展林木种质资源清查工作。此次林木种质资源清查时间计划从2014年开始至2017年结束。2015年度，完成苏州、淮安、连云港、宿迁市调查；2016年完成无锡、常州、镇江、南京、徐州市调查；2017年完成南通、扬州、泰州、盐城市调查。由于这是江苏首次开展林木种质资源清查，再加上一些客观因素（如2020年初的新冠肺炎疫情）的影响，实际上，目前全省仅有部分地市完成清查工作（蒋来清，2016；苏州市农业委员会，2016；朱惜晨和黄婧，2018）。

南通为江苏省第三批开展林木种质资源清查的地级市。在此次清查之前，南通市境内没有开展过全面的林木种质资源清查。文献分析表明，关于南通野生植物资源调查较少，仅见个别地区如狼山风景区的药用植物资源的零星报道（曹玉星，2012）。此外，南通市林果指导站在2006年和2014年对辖区内的古树名木进行调查、登记和挂牌，并对古树实行分级管理（江苏省绿化委员会，2013）。其中，部分地区如海安市出版了当地的常见古树名木图册（周道等，2017）。

二、南通林木种质资源清查意义

林木种质资源是人类生存和发展的战略性资源，是维持国家生态安全的重要保证。南通市自然条件优越，生境类型多样，具有不同类型的林木种质资源。开展该区林木种质资源调查，对保护这些种质资源，维护生态平衡，促进南通乃至苏中地区林木资源持续、稳定、健康发展具有十分重要的意义。

为全面掌握林木种质资源本底，按照江苏的统一部署，南通市自2016年起就积极响应并着手进行前期准备工作，以便确保顺利完成林木资源调查的预定任务，掌握全市野生及栽培林木种质资源的基本状况。

根据江苏省林业局《关于开展全省林木种质资源清查工作的通知》（苏林种〔2014〕16号）要求，参考相关文献（安元强等，2016b），此次南通林木种质资源清查的目的在于：

（1）摸清南通市境内林木种质资源的现状，分析其林木种质资源的主要特点，为建立林木种质资源信息管理系统提供资料。

（2）分析该区林木种质资源的数量动态变化，为实现林木种质资源的科学有效保护和合理开发利用提供依据。

南通此次林木种质资源清查的任务是查清林木种质资源的类别、数量与分布，客观反映林木种质资源的数量、质量及其变化动态，分析与评价林木种质资源保存和利用现状，并提出林木种质资源保护与利用建议。具体包括：

（1）查清南通市境内乡土树种和珍贵、稀有树种的分布、数量、生长发育情况以及开发利用的潜力。

（2）调查南通市境内栽培的林木及果树的名称、分布及主要品种。

（3）通过调查与数据分析，分析南通市引进树种及品种的推广、生长和繁育状况。

（4）查清原生林木种质资源的分布以及在各地的数量、现状及利用潜力。

第三章
调查内容与调查方法

南通市自然资源和规划局（含原南通市林果指导站）对该区的林木种质资源清查工作高度重视，并精心组织、认真部署、有序推进了清查工作的开展落实。本章主要论述此次调查工作的调查内容和调查方法，主要包括安排及实施阶段、调查对象、调查单元和调查方法。

第一节　调查内容

林木种质资源清查工作专业性强、涉及面广、技术难度大。由于南通此次林木种质资源清查工作主要参照江苏省林业局的总体要求以及技术规程，因此这里主要根据调查阶段、调查对象和调查内容予以分别介绍。

一、调查阶段

2017—2019 年，南通市林业部门对该区的林木种质资源清查工作高度重视、积极落实、扎实推进，整个清查工作主要分为以下 3 个阶段：

1. 准备阶段：2017 年 1—4 月

这一阶段的任务主要是积极部署和动员，参加省林木种苗管理站和南通市林业部门组织的江苏省林木种质资源清查培训，学习并领会《江苏省林木种质资源清查操作细则》，落实清查所需的项目经费，联系相关专业技术单位与专家。此外，对野外清查所需的仪器设备、调查工具和野外防护用品等进行添置。

2. 清查阶段：2017 年 5 月—2018 年 11 月

这一阶段主要完成南通市古树名木的外业调查，对南通市境内的街边公园、住宅小区、四旁绿化和经济林果园等的栽培树木以及苗圃基地的现状进行野外调查和记录。南通市林业部门会同相关技术单位对辖区内野生林木种质资源的种类、数量与分布进行详细调查。

清查阶段主要分2017年度和2018年度。2017年主要侧重栽培木本植物种类和古树名木的调查。2018年侧重对野生林木、栽培利用、古树名木和来源不明林木种质资源进行补充调查。采用的方式主要为：先搜集相关林木资料、各乡镇林业技术或管理人员动员当地群众开展林木摸底调查、专业调查队伍对各乡镇的不同林木种质资源进行逐一实地调查、拍照、测量、记录和核查。此外，针对调查过程中发现的存疑植物种类，选择合适的季节（花、果期）再次前往分布地点进行补充调查。

目前已经完成常绿树种和落叶树种的春季调查（2017年3—5月，2018年4—5月）、夏季调查（2017年8月，2018年6—8月）、存疑林木种类的秋季补充调查（2018年9—10月），共计3次外业调查。

本次调查中，外业调查时间共计97天，主要集中在2017年3—5月与2018年6—8月，每次参与调查人数6—7人。因此，南通市林木种质资源清查实际投入80—90人次（日），内业整理工作累计约为150人次（日）。

野外调查通过路线踏查和标准地调查相结合的方法，记录野生林木种质资源的类别、数量与分布，并填写野生林木种质资源信息登记表（附录Ⅰ表1）。

3. 汇总阶段：2018年12月—2019年11月

南通市自然资源和规划局完成全市林木种质资源清查数据录入、照片整理及报告撰写工作的项目招标，并且积极统筹安排落实资金，扎实推进全市7个调查单元的内业整理及总报告的编制工作。这一阶段主要完成：(i) 登录“江苏省林木种质资源信息系统”，录入南通市林木种质资源调查的数据、表格和照片等；(ii) 进行南通市林木种质资源清查的数据分析、资料整理和报告撰写。主要内容包括：野生林木种质资源、栽培利用林木种质资源、古树名木和来源不明的林木种质资源4个方面。

其中，野生林木种质资源和古树名木清查是此次调查的重点，其汇总资料主要包括：(i) 树种名录，即南通市境内分布的野生乔木、灌木、木质藤本和古树名木植物种类；(ii) 调查表格，即野生林木种质资源信息登记表（附录Ⅰ

表1)、古树名木种质资源信息登记表(表4)、林木种质资源线路踏查登记表;(iii)植物照片,即古树名木、野生林木树种的数码照片。

二、调查对象

调查对象为南通市境内所有的乔木、灌木、竹类和木质藤本等林木种质资源,包括以下4个类别:

1. 野生林木种质资源

指在天然林内以及其他处于野生状态(如山地、丘陵、路边、沟旁逸生或自然生长状态)下的林木种质资源。

2. 收集保存林木种质资源

在南通市境内的野外调查过程中,未发现这一类别。

3. 栽培利用林木种质资源

指调查范围内造林工程、城乡绿化、庭院绿化、四旁绿化、经济林果园等人工种植的林木种质资源。

4. 古树名木

古树指在人类历史过程中保存下来的年代久远或具有重要科研、历史、文化价值,树龄在100年以上的树木;名木指在历史上或社会上有重大影响的中外历代名人所植或者具有极其重要的历史、文化价值、纪念意义的树木(国家林业局,2002;付兆军等,2014)。

(注:由于针对树种的实际树龄测定存在一定的困难,而不同树种的生长速度也存在差异,因此在实际清查过程中,对南通市境内树龄大于80年的树木也予以调查。)

5. 来源不明的林木种质资源

指栽培利用的林木种质资源中,来源不清楚的植物种类或品种。主要包括引种栽培的、产地来源不明的木本植物,它可能是外来植物,也可能为我国乡土植物。

需要指出的是,在调查过程中发现,由于南通市调查范围内,除狼山、军山等五山外,主要为平原,绝大多数植物为栽培植物。而这些栽培木本植物的产地或来源,通常均不清楚。此外,将南通市五山所调查的50个样方中的逸生植物如桂花(*Osmanthus fragrans*)、大叶榉树(*Zelkova schneideriana*)、八角金盘（*Fatsia japonica*）等作为栽培利用的林木种质资源。

三、调查内容

根据《江苏省林木种质资源清查技术标准》（2018 年 5 月修订版）（以下简称《清查标准》），南通市境内的林木种质资源清查主要包括以下内容：

（1）查清行政区域内乔木、灌木、竹类和木质藤本等林业植物资源的种类、数量、分布以及生长情况；记录分布地点的群落类型以及生长环境。

（2）调查树种种内的品种、品系、优良林分、优良单株、家系、无性系等变异类型、来源、经济性状、抗逆性、栽培利用以及保存状况等。

注：根据《清查标准》并结合南通市实际情况，该区的野生林木可能包括：（i）群体；（ii）优良林分；（iii）优树；（iv）个体。栽培利用林木可能包括：（i）群体；（ii）个体；（iii）优树；（iv）选育品种；（v）农家品种（地方品种）；（vi）无性系。古树名木包括：（i）古树；（ii）名木。

第二节 调查方法

此次调查以南通全市为调查总体，县、设区市、区作为调查单元，逐级统计汇总。对于每个调查单元，根据调查范围内的林木种质资源类型分别采取相应的调查方法。

现根据野生植物和栽培植物将具体调查方法分述如下。

一、调查单元

为了更好地开展林木种质资源野外调查，我们将南通市境内的各调查单元划分为 3 个片区：北方片区［包括 3 个县（市）：海安、如皋和如东］、中部片区［包括两个区：崇川和港闸区、通州区（通州区原为南通县）］和南部片区（包括两个市：启东和海门）（图 3－1）。野外调查时，按分片逐步有序进行，基本上以县域范围为一个调查单元（安元强等，2016a）。此外，由于崇川和港闸区位于南通市市区，港闸区面积较小，并且紧邻崇川区，两者的自然地理条件较为相似，因此将其列为1个调查单元。

鉴于南通市境内没有高山，各县、市（县级市）及各区（地级市的区）的地形地貌相对简单，现状植被主要以人工林为主，其林木种类组成也较为相似，因此为了做好南通市的林木种质资源清查工作，我们在调查时对这7个调查单元分别进行调查，而在撰写调查报告时将以地级市为单元进行汇总分析。

二、调查方法

野生植物资源调查包括前期准备、确定分布区、踏查与野外调查、数据统计汇总等步骤。其中，调查方法的选用主要依据调查物种的数量、分布特点和生境条件。根据调查物种的分布特点以及调查要求，南通林木种质资源调查主要采用资料查询、知情人访谈、踏查、线路调查、样方调查、个体调查等方法。并在不同季节，根据不同区域的不同生境类型（如地形、地貌、海拔等）进行适当的调整。

（1）野生林木种质资源：实地路线踏查与样方调查相结合。对于乔木树种，设置面积为400 m^2的调查样方；对于灌木物种，设置面积为25 m^2的调查样方。野生林木种质资源信息记录见附录Ⅰ中的表1。

（2）收集保存林木种质资源：种子园、采穗圃、母树林、采种林、遗传试验林、植物园、树木园、种质资源保存林（圃）、种子库等专门场所保存的林木种质资源。收集保存林木种质资源信息记录见附录Ⅰ中的表2。

（3）栽培利用林木种质资源：主要对苗圃、学校、公园、街道、住宅小区、四旁绿化等地区进行清查。栽培利用林木种质资源信息记录见附录Ⅰ中的表3。

（4）古树名木：以2016年古树名木目录南通市部分为基础，并由南通市林业部门对各辖镇（乡或村）进行补充摸底调查，即各个镇对其所辖乡、村可能存在的古树名木（一般胸径 DBH≥30 cm）进行增补。再根据2016年目录及增补清单，由课题负责人、专业技术人与当地林业站管理人员，赴野外对每个乡镇进行实地清查或核实。古树名木种质资源信息记录见附录Ⅰ中的表4）（注：不包括仅能在室内或人工设施条件下栽培的南方观赏植物

等林木种质资源；移栽时间在 5 年以下的古树，只作为来源不明的林木种质资源）

（5）来源不明林木种质资源：对于来源不明的栽培利用的木本植物，主要记录其调查地点、树种名称等信息。来源不明的林木种质资源信息记录见附录Ⅰ中的表 5。

第四章
林木种质资源现状

根据江苏省林木种质资源清查的总体要求和南通市的实际情况，南通市林木种质资源外业调查主要采取分年度（2017 年和 2018 年）、分季节（春夏、秋季）和分片区（按照乡镇、街道）进行，内业整理（2019 年）主要根据调查单元对林木种质资源的不同类型进行整理分析。本章主要根据林木种质资源的野外调查与内业整理结果，论述该区的林木种质资源现状，主要包括林木种质资源的类型、数量和分布地点，以及这些种质资源所隶属的植物类群。

第一节　树种及种质资源概述

经过 2017—2019 年的南通市林木种质资源摸底清查，现已基本摸清本市林木种质资源家底。

一、种质资源概述

本次调查共发现南通市林木种质资源 3 大类：野生林木种质资源 178 份，包括群体 90 份、个体 86 份和优树 2 份；栽培利用的林木种质资源有 364 份，包括群体 40 份、个体 256 份、优树 14 份、选育品种 11 份、无性系 41 份和地方品种 2 份；古树名木 683 份，全部为单株。此外，来源不明的林木种质资源有 176 种。因此，该区的林木种质资源目前共有 1 225 份（不含来源不明的林木种质资源类型）。

二、林木树种概述

这 1 225 份林木种质资源及 176 种来源不明的林木种质资源，共涉及 376

种，隶属于192属83科（裸子植物根据郑万钧分类系统；被子植物根据克朗奎斯特分类系统）。其中包括：野生林木种质资源178份，隶属于67种（包括亚种、变种和变型，下同）59属35科；栽培利用林木种质资源364份，隶属于142种88属55科；古树名木683株，隶属于69种52属38科。来源不明的林木种质资源176种，隶属于119属66科。此外，南通市栽培利用的林木品种共计54个，隶属于36种31属21科。

第二节　野生林木种质资源

野生林木种质资源指在天然林内以及其他处于野生状态（如山地、丘陵、沟边、路旁逸生或自然生长状态）下的林木种质资源。

根据本次调查，南通市野生林木种质资源共有178份，包括个体86份、优树2份和群体90份。这178份野生林木种质资源，隶属于67种（包括亚种、变种和变型，下同）59属35科。

根据调查分析，南通市的野生林木种质资源共有3类：群体、个体和优树。现分别阐述如下。

一、野生群体

南通市野生林木资源分布较为集中，主要分布于南通五山（狼山、军山、马鞍山、黄泥山和剑山）以及城市绿谷。根据野外调查实际情况，在南通的狼山、军山和马鞍山分别设置400 m^2样方24个、12个、4个；在军山、狼山、黄泥山、马鞍山和城市绿谷分别设置25 m^2的灌木样方4个、2个、2个、1个和1个。因此在南通市境内共计设置乔木调查样方40个，灌木调查样方10个。

根据调查样方及线路调查的分析，南通市的野生林木种质资源中共有90份群体，这些种质资源共涉及67种59属35科，其中大戟科和蝶形花科所含种数最多，各含有5种。这些种质主要分布于南通市的狼山和军山，另外在墩头镇、孙庄镇、剑山、黄泥山和马鞍山等地也有分布。现对这些野生群体种质资源的分布、数量及群体特征分别进行介绍。

图 4－1　野蔷薇（野生群体）

1. 海州常山（*Clerodendrum trichotomum*）

分布于南通市海安市墩头镇，位于里下河湿地公园。地理坐标为 N32.637 20°，E120.407 70°。海州常山为落叶阔叶灌木，每 25 m^2 样方中有 6 株，胸径最大为 2.5 cm，最小为 0.8 cm，平均胸径为 1.6 cm。

2. 野蔷薇（*Rosa multiflora*）

分布于南通市海安市孙庄镇，位于陈港村的思源居内。地理坐标为 N32.467 70°，E120.403 50°。野蔷薇为落叶阔叶灌木，每 25 m^2 样方中有 10 株，胸径最大为 2.0 cm，最小为 0.5 cm，平均胸径为 1.4 cm（图 4－1）。

3. 狭叶山胡椒（*Lindera angustifolia*）

分布于南通市崇川区的军山，位于军山采药路南段的山坡中。地理坐标为 N31.941 60°，E120.894 94°。每 25 m^2 样方中有 5 株，胸径最大为 2.0 cm，最小为 0.8 cm，平均胸径为 1.5 cm。

4. 山胡椒（*Lindera glauca*）

分布于南通市崇川区的军山，位于军山情侣路和采药路南段的山坡中。地理坐标为 N31.942 89°，E120.895 52°。每 25 m^2 样方中有 5 株，胸径最大为 2.3 cm，最小为 1.3 cm，平均胸径为 1.9 cm。

5. 野蔷薇（*Rosa multiflora*）

分布于南通市崇川区的军山停车场对面林地，主要生于山坡林缘及路旁。地理坐标为 N31.941 45°，E120.899 60°。每 25 m^2 样方中有 3 株，胸径最大为 2.4 cm，最小为 0.5 cm，平均胸径为 1.4 cm。

6. 山莓（*Rubus corchorifolius*）

分布于南通市崇川区的狼山，位于狼山挹翠亭附近的山坡。地理坐标为 N31.951 75°，E120.884 51°。每 25 m^2 样方中有 3 株，基径最大为 2.1 cm，最小为 0.5 cm，平均基径为 1.4 cm。

山莓为蔷薇科悬钩子属的落叶直立灌木，通常高 1～3 m，多生在向阳山坡、山谷、荒地、溪边和疏密灌丛中潮湿处。该种为荒地的一种先锋植物，耐贫瘠、适应性强，属阳性植物。

7. 茅莓（*Rubus parvifolius*）

分布于南通市崇川区的狼山，位于狼山望江亭附近的山坡。地理坐标为 N31.952 21°，E120.885 10°。每 25 m^2样方中有 4 株，胸径最大为 1.5 cm，最小为 0.4 cm，平均基径为1.1 cm（图 4－2）。

图 4－2 茅莓（野生群体）

茅莓为蔷薇科悬钩子属植物，落叶灌木，高 1～2 m。该种在我国广泛分布，多见于山坡杂木林下、向阳山谷、路旁或荒野。由于其果色艳丽，生长迅速，可作为地被植物植于林缘、绿化隔离带、假山岩石旁、溪边、岸边、池塘边阴湿处等，颇具观赏价值。

8. 山合欢（*Albizia kalkora*）

分布于南通市的狼山，位于狼山沙淦碑亭附近的山坡。地理坐标为 N31.952 18°，E120.885 15°。每 100 m^2样方中有 3 株，胸径最大为 15.5 cm，最小为 5.4 cm，平均基径为 10.2 cm。

9. 黄檀（*Dalbergia hupeana*）

分布于南通市的军山采药路中段的山坡林地，主要生于落叶阔叶林中。地理坐标为 N31.942 89°，E120.895 52°。样方中黄檀的胸径介于 16.2～18.2 cm 之间，树高约为 10.0 m。

10. 山蚂蝗（*Desmodium racemosum*）

分布于南通市的军山和狼山，见于两地的多处山坡林下。地理坐标为 N31.952 21°，E120.885 10°。基径一般为 0.5～1.2 cm，高度为 1.5 m 左右。在每个地点的种群数量不多，但是分布较广。

11. 截叶铁扫帚（*Lespedeza cuneata*）

分布于南通市的军山和狼山，见于两地的多处山坡林缘或路旁。地理坐标为 N31.942 89°，E120.895 52°。基径一般为 0.3～0.5 cm，高度为 0.8 m 左右。在这两个地点的种群数量不多，但是分布较广。

12. 细梗胡枝子（*Lespedeza virgata*）

分布于南通市的军山，见于军山的多处山坡林缘或路旁。地理坐标为 N31.941 45°，E120.899 60°。基径一般为 0.3～0.4 cm，高度为 0.6 m 左右。该种群数量不多，且分布较为零星。

13. 葛藤（*Pueraria montana*）

分布于南通市的军山和狼山，见于两地的多处山坡林缘或路旁，偶见于林中枯倒木附近或林窗中。地理坐标为 N31.943 32°，E120.897 69°。葛藤为蝶形花科缠绕藤本，通常呈现片状集中分布，例如军山刘郎路附近山坡。

图 4－3　赛山梅（野生群体）

图 4－4　白檀（野生群体）

14. 赛山梅（*Styrax confusus*）

分布于南通市的军山和狼山，见于落叶阔叶林中，如军山孔雀园路附近的山坡。地理坐标为 N31.943 06°，E120.899 00°。赛山梅种群胸径一般为 2.4～3.6 cm，高度为 3.5 m 左右（图 4－3）。

15. 白檀（*Symplocos paniculata*）

分布于南通市的军山，见于阔叶林的沟谷附近或山坡向阳处，如军山采药路南段的山坡。地理坐标为 N31.941 60°，E120.894 94°。白檀通常为灌木或小乔木，但在本区内均为灌木，胸径一般为 1.2～1.8 cm，高度为 1.5～1.8 m（图 4－4）。

16. 苦槠（*Castanopsis sclerophylla*）

分布于南通市的军山，见于军山采药路北段附近的山坡林中。地理坐标为N31.943 64°，E120.896 23°。苦槠为常绿阔叶乔木，在样方中种群数量不多，胸径一般为6.0 cm，高度为6.1 m左右。

17. 麻栎（*Quercus acutissima*）

分布于南通市的军山，见于多个地点，如军山山顶平台旁附近山坡。地理坐标为N31.941 40°，E120.896 40°。根据野外调查，该区的麻栎既有野生群体，可能也有人工栽培种群。每400 m^2样方中通常有麻栎3～12株，胸径为7.5～29.3 cm，树高一般为7.5～14.0 m。

18. 栓皮栎（*Quercus variabilis*）

分布于南通市的军山和马鞍山，见于多个地点，如军山浮生茶社上方山坡。地理坐标为N31.942 81°，E120.899 16°。又如园博园的马鞍山，地理坐标为N31.951 50°，E120.876 20°。栓皮栎在与麻栎均属于壳斗科的栎属落叶乔木，但栓皮栎叶片背面通常有星状绒毛，树皮木栓层较厚。每400 m^2样方中一般有栓皮栎3～5株，胸径为6.5～30.6 cm，树高一般为8.5～14.5 m（图4－5）。

图4－5 栓皮栎（野生群体）

19. 枫杨（*Pterocarya stenoptera*）

分布于崇于川区的军山，见于多个地点，如军山售票处向西100 m山坡。地理坐标为N31.943 83°，E120.897 91°。每400 m^2样方中有3株，胸径最大为56.0 cm，最小为7.8 cm，平均胸径为22.5 cm，树高介于8.1～26.2 m之间。

20. 朴树（*Celtis sinensis*）

分布于南通市的军山、狼山和马鞍山，其中以军山最为常见，如军山普陀别院前，地理坐标为N31.940 83°，E120.896 10°；如狼山望江亭附近，地理坐标为 N31.952 20°，E120.885 10°；如园博园马鞍山附近，地理坐标为 N31.951 30°，E120.876 40°。每 400 m^2 样方中有 2～3 株，胸径最大为45.0 cm，最小为 6.0 cm，平均胸径为 22.5 cm，树高介于 9.0～12.0 m 之间。

21. 榔榆（*Ulmus parvifolia*）

分布于南通市的军山，如军山普陀别院前。地理坐标为 N31.940 83°，E120.896 10°。种群数量较少，榔榆胸径一般为 11.0～35.0 cm，树高介于 10.0～11.0 m 之间。

22. 榆树（*Ulmus pumila*）

分布于南通市的军山，见于军山山顶平台和采药路北段山坡。地理坐标为 N31.941 40°，E120.891 40°。种群数量较少，但是植株较大。榆树的胸径一般为 6.0～12.0 cm，树高介于 8.0～10.0 m 之间。

榆树为榆科落叶乔木，在我国广泛分布。该种为阳性树种，喜光、耐旱、耐寒、耐瘠薄，不择土壤，适应性很强。根系发达，抗风力、保土力强。萌芽力强，耐修剪。榆树生长快，寿命长。它能耐干冷气候及中度盐碱，耐雨季水涝，但不耐水湿。榆树能够抗污染，叶面滞尘能力强。该种在南通市境内不仅有野生种质，也有栽培种质。

23. 构树（*Broussonetia papyrifera*）

分布于南通市的军山、狼山和马鞍山，见于多个地点的向阳山坡。地理坐标为 N31.943 06°，E120.899 00°。构树为桑科落叶乔木，在本区通常呈现小乔木或者灌木。种群数量较多，分布较广，但是成年大树不多。每 25 m^2 样方中有构树 5～8 株，胸径一般为 1.0～7.0 cm，树高介于 1.5～3.3 m 之间。

24. 柘树（*Cudrania tricuspidata*）

分布于南通市的军山和狼山，见于山坡或沟旁。如军山孔雀园路附近的柘树，地理坐标为 N31.943 06°，E120.899 00°。柘树生长缓慢，在该区种群数量稀少。胸径一般为 7.0 cm，树高约为 6.8 m。

柘树材质较好。它在南通地区受到普遍重视，俗称“榨榛”，为优良材用树种。

25. 薜荔（*Ficus pumila*）

分布于南通市的军山、老山和黄泥山，见于多个地点的山坡或灌丛。地理坐标为 N31.955 30°，E120.867 90°。薜荔为桑科常绿木质藤本，在本区分布广泛，通常成片分布。胸径一般为1.0～2.5 cm，高度约为0.8 m（图4-6）。

图4-6 薜荔（野生群体）

该种为攀援状灌木。耐贫瘠，抗干旱，对土壤要求不严格，适应性强。

26. 桑（*Morus alba*）

分布于南通市的军山，见于军山湘严路北段和军山采药路中段。地理坐标为N31.942 89°，E120.895 52°。本区的桑可能为逸生种，胸径最大为45.0 cm，最小为8.0 cm，树高一般为7.8～8.0 m。

27. 苎麻（*Boehmeria nivea*）

分布于南通市的军山、狼山和南通市城市绿谷，常见于山谷林边或坡地。地理坐标为N31.030 00°，E120.782 90°。苎麻为荨麻科的亚灌木，基径一般为1.0～1.5 cm，高度为0.5～1.4 m。

28. 柞木（*Xylosma congesta*）

分布于南通市的军山、狼山和马鞍山，常见于低山丘陵、林缘或路旁。地理坐标为N31.951 30°，E120.876 40°。柞木为大风子科的常绿乔木，胸径一般为5.0～28.5 cm，高度为7.0～9.0 m。

图4-7 扁担杆（野生群体）

29. 扁担杆（*Grewia biloba*）

分布于南通市的军山和黄泥山，见于低山、丘陵或路旁灌丛中。地理坐标为N31.955 30°，E120.867 90°。扁担杆为椴树科的落叶灌木，胸径一般为0.5～2.2 cm，高度为0.5～1.5 m

（图 4－7）。

30. 梧桐（*Firmiana simplex*）

分布于南通市的军山，见于军山采药路南段的山坡。地理坐标为 N31.941 60°，E120.894 94°。梧桐为梧桐科落叶乔木，也称“青桐”，在本区种群数量稀少，分布较为零星。胸径一般为 6.0 cm，高度为 12.0 m。

31. 山麻杆（*Alchornea davidii*）

分布于南通市的军山观音庙右侧。地理坐标为 N31.941 54°，E120.896 62°。山麻杆为大戟科阳性树种，萌生性强，在本区分布较为零星，胸径一般为 1.1 cm，高度为 1.2 m。

32. 重阳木（*Bischofia polycarpa*）

分布于南通市的军山，见于多个地点，如军山的孔雀园路附近山坡。地理坐标为 N31.943 06°，E120.899 00°。重阳木为大戟科的落叶乔木。在本区重阳木胸径一般为 11.5～45.0 cm，高度为 5.9～11.0 m。

图 4－8　一叶荻（野生群体）

33. 一叶荻（*Flueggea suffruticos*）

分布于南通市的军山和狼山，见于多个地点。地理坐标如 N31.943 00°，E120.900 80°。一叶荻为大戟科的落叶灌木。在本区一叶荻基径一般为 1.1～1.5 cm，高度为 0.9～1.1 m（图 4－8）。

34. 石岩枫（*Mallotus repandus*）

分布于南通市的军山，如军山的情侣路附近的山坡，地理坐标如 N31.942 30°，E120.898 20°。石岩枫为大戟科的落叶灌木，在本区数量较少，基径一般为 0.8～1.5 cm，高度为 0.9～1.6 m。

35. 乌桕（*Sapium sebiferum*）

分布于南通市的军山，见于多个地点，如采药路中段的山坡。地理坐标为 N31.942 89°，E120.895 52°。乌桕为大戟科的落叶乔木。在本区乌桕胸径一般为 11.5～49.0 cm，树高为 5.9～12.0 m。

36. 冬青（*Ilex chinensis*）

分布于南通市的狼山，如沙淦碑亭附近的山坡。地理坐标为N31.952 18°，E120.885 15°。冬青为冬青科常绿乔木，在本区有时呈灌木状，胸径一般为3.5～9.0 cm，树高为2.9～10.5 m（图4-9）。

该种果实椭圆形或近球形，成熟时为深红色。因此，当地常称为“红果冬青”。

图4-9　冬青（野生群体）

37. 卫矛（*Euonymus alatus*）

分布于南通市的狼山，如望江亭附近的山坡。地理坐标为N31.952 21°，E120.885 10°。卫矛为卫矛科落叶灌木，在本区分布稀少，胸径一般为1.5～2.6 cm，树高为0.9～1.7 m。

38. 扶芳藤（*Euonymus fortunei*）

分布于南通市的马鞍山。地理坐标为N31.951 50°，E120.876 20°。扶芳藤为卫矛科落叶木质藤本，在本区分布稀少，胸径一般为0.5～1.6 cm。

39. 白杜（丝棉木，*Euonymus maackii*）

分布于南通市的军山，见于军山多个地点，如孔雀园路附近的山坡。地理坐标为N31.943 06°，E120.899 00°。白杜为卫矛科落叶乔木，在本区分布不多（40个乔木物种样方中共有7株），胸径一般为15.0～42.0 cm，树高为5.3～6.8 m。

40. 圆叶鼠李（*Rhamnus globosa*）

图4-10　圆叶鼠李（野生群体）

分布于南通市的黄泥山。地

理坐标为 N31.955 30°，E120.867 90°。圆叶鼠李为鼠李科落叶灌木，在本区分布较少。圆叶鼠李的基径一般为 0.3～1.2 cm，树高为 0.6～1.5 m（图 4-10）。

41. 雀梅藤（*Sageretia thea*）

分布于南通市的军山，见于采药路南段山坡。地理坐标为 N31.940 65°，E120.895 14°。雀梅藤为鼠李科落叶藤状灌木，在本区分布稀少。雀梅藤胸径一般为 0.5～1.4 cm。

42. 爬山虎（*Parthenocissus tricuspidata*）

分布于南通市的军山和狼山，南通市的城市绿谷。地理坐标如 N32.030 00°,E120.782 90°（城市绿谷）。爬山虎为葡萄科落叶木质藤本，在本区分布较多，比较常见，胸径一般为 0.5～2.6 cm。

该种适应性强，喜阴湿环境，但不怕强光，耐寒、耐旱、耐贫瘠，气候适应性强。其叶形多变，为单叶、三裂或为 3 小叶。

图 4-11 蘡薁（野生群体）

43. 蘡薁（*Vitis adstricta*）

分布于南通市的军山、狼山和马鞍山，见于多个地点。如狼山望江亭附近的山坡，地理坐标为 N31.952 21°，E120.885 10°。蘡薁为葡萄科落叶木质藤本，在本区比较常见，但是缺乏较大的个体，胸径一般为 0.3～1.0 cm（图 4-11）。

44. 紫金牛（*Ardisia japonica*）

分布于南通市崇川区的军山，如采药路中段山坡，地理坐标为 N31.941 60°,E120.894 94°。紫金牛为紫金牛科的常绿小灌木，在本区分布稀少。植株通常较为矮小，一般高度为 3～11 cm，但可以正常开花结实。果实球形，熟时红色，可供观赏。

该种为紫金牛科紫金牛属植物，常生于林下或阴湿处。紫金牛喜温暖、湿润环境，喜荫蔽，忌阳光直射。适宜生长于富含腐殖质、排水良好的土壤。

图 4－12　竹叶花椒（野生群体）

45. 竹叶花椒（*Zanthoxylum armatum*）

分布于南通市的狼山。地理坐标为 N31.951 90°，E120.884 60°。竹叶花椒为芸香科花椒属的常绿小灌木，在本区分布较少，一般胸径为 1.1～2.2 cm，高度为 1.5～2.5 m，可以正常开花结实（图4－12）。

该种也称为竹叶椒或野花椒。在南通地区常生于山坡疏林、灌丛中及路旁，可作调味料或提取芳香油，也可入药。

46. 臭椿（*Ailanthus altissima*）

分布于南通市的军山和狼山，见于多个地点，如狼山望江亭附近。地理坐标为 N31.952 20°，E120.885 10°。臭椿为苦木科落叶乔木，处于灌木层中，胸径一般为 1.0～2.2 cm，高度为 1.5～1.7 m。在本区，臭椿很可能为逸生种。

47. 苦楝（*Melia azedarach*）

分布于南通市的军山和狼山，见于多个地点，如军山采药路中段附近。地理坐标为 N31.941 60°，E120.894 94°。苦楝为楝科落叶乔木，在调查样方中数量较少，胸径一般为 7.0～20.9 cm，高度为 5.5～14.0 m。

48. 香椿（*Toona sinensis*）

分布于南通市的军山，见于多个地点，如军山停车场附近。地理坐标为 N31.941 81°，E120.898 79°。香椿为楝科落叶乔木，在调查样方中数量较少，优势为灌木状，胸径一般为 2.0～8.0 cm，高度为 1.5～4.0 m。

49. 黄连木（*Pistacia chinensis*）

分布于南通市的军山、狼山和马鞍山，见于多个地点，常见于山坡林中，如军山近山顶处。地理坐标为 N31.954 20°，E120.897 30°。黄连木（图 4－13）为漆树科落叶乔木，在本区较为常见，种群数量较多。每

图 4-13 黄连木（野生群体）

400 m^2 样方中平均有 5 株，胸径最大为60.0 cm，最小为10.0 cm，平均胸径为 22.5 cm。树高为 5.7～25.0 m。但是在个别样方中，如军山 T7 样方，存在黄连木枯死的现象。

50. 三角枫（*Acer buergerianum*）

分布于南通市的军山和狼山，见于多个地点，常见于山坡林中，如军山的湘严路南段山坡。地理坐标为 N31.942 23°，E120.897 22°。三角枫为槭树科落叶乔木，在本区较为常见，种群数量较多。每 400 m^2 样方中平均有 4 株，胸径最大为20.5 cm，最小为 6.0 cm，平均胸径为 12.0 cm。树高为 5.0～11.0 m。

51. 茶条槭（*Acer tataricum* subsp. *ginnala*）

分布于南通市的军山，见于采药路北段山坡。地理坐标为 N31.943 64°，E120.896 23°。茶条槭为槭树科落叶乔木，在本区分布不多，种群数量较少，通常呈灌木状。胸径一般为 1.2～1.5 cm，树高为 1.5～1.7 m。

52. 雪柳（*Fontanesia philly-reoides* subsp. *fortunei*）

图 4-14 雪柳（野生群体）

分布于南通市的狼山，见于山坡林中或路旁，如狼山挹翠亭附近的山坡。地理坐标为 N31.951 75°，E120.884 51°。雪柳为木犀科落叶乔木。胸径一般为 1.2～8.5 cm，树高为 1.5～5.8 m（图 4-14）。

53. 小蜡（*Ligustrum sinense*）

分布于南通市的军山，见于多个地点。如军山情侣路附近山坡。地理坐标为 N31.942 81°，E120.899 18°。小蜡为木犀科落叶小乔木或灌木，在本区呈灌木状，胸径一般为 1.1～2.5 cm，树高为 1.5～2.3 m。

54. 络石（*Trachelospermum jasminoides*）

分布于南通市的军山、狼山和黄泥山，见于多个地点，如军山情侣路附近山坡。地理坐标为 N31.942 81°，E120.899 18°。络石为夹竹桃科的常绿木质藤本。在本区通常呈片状分布，攀爬于岩石、树干或地面，胸径一般为 0.4～1.2 cm，高度为 0.3～0.7 m（图 4－15）。

图 4－15 络石（野生群体）

55. 六月雪（*Serissa foetida*）

分布于南通市崇川区的军山，见于采药路北段山坡。地理坐标为 N31.943 64°，E120.896 23°。六月雪为茜草科落叶灌木，在本区分布较多，种群数量较大，但是植株通常较小。六月雪的基径一般为 0.3～2.6 cm，树高为 0.5～1.7 m，通常分枝较多，呈丛生状。

六月雪喜温暖气候、也稍能耐寒、耐旱。喜排水良好、肥沃和湿润疏松的土壤，对环境要求不高，生长力较强。

56. 海州常山（*Clerodendrum trichotomum*）

分布于南通市崇川区的军山和狼山，见于多个地点，如军山普陀别院前的山坡。地理坐标为 N31.940 83°，E120.896 10°。海州常山为马鞭草科的落叶灌木，在本区分布普遍，胸径一般为 0.5～1.6 cm，高度为 0.5～1.6 m（图 4－16）。

图 4－16 海州常山（野生群体）

海州常山喜阳光、稍耐阴、耐旱，适应性强，在温暖湿润气候，肥、水等条件较好的沙壤上生长旺盛。

57. 木防己（*Cocculus orbiculatus*）

分布于南通市的军山、狼山和黄泥山，见于多个地点，如军山情侣路附近山坡。地理坐标为 N31.942 81°，E120.899 18°。木防己为防己科的落叶木质藤本，在本区通常呈片状分布，缠绕于岩石、草丛或树干，胸径一般为 0.2～0.6 cm，高度为 0.3～1.7 m。

58. 枸杞（*Lycium chinense*）

分布于南通市的军山，如军山普陀别院前的山坡。地理坐标为 N31.940 83°，E120.896 10°。枸杞为茄科的落叶灌木，在本区分布较少，胸径一般为 0.3～1.2 cm，高度为 0.4～1.5 m。

59. 大叶榉树（*Zelkova schneideriana*）

分布于南通海门市的三星镇瑞祥村 7 组的村落沟边。地理坐标如 N31.963 90°，E121.182 40°。大叶榉树为榆科的落叶乔木，在本区分布较为零星，胸径一般为 20.5～35.9 cm，高度为 14.0～15.0 m。

60. 旱柳（*Salix matsudana*）

分布于南通海安市的孙庄镇。地理坐标为 N31.752 10°，E121.668 90°。旱柳为杨柳科的落叶乔木，在本区分布较为零星，胸径一般为 15.3～30.2 cm，高度为 5.4～9.5 m。

61. 厚壳树（*Ehretia acuminata*）

分布于海安市孙庄镇陈港村 7 组（思源居）。地理坐标如 N32.467 00°，E120.403 60°。厚壳树为紫草科的落叶乔木，在本区分布较少，胸径一般为 5.3～28.1 cm，高度为 4.3～6.5 m。

62. 刺槐（*Robinia pseudoacacia*）

分布于南通崇川区军山山坡和海门市的正余镇河岸村 20 组俞于涵的宅后。地理坐标为 N32.047 60°，E121.308 60°。刺槐为蝶形花科的落叶乔木，在本区为逸生种，分布较少，胸径一般为 2.3～33.9 cm，高度为 3.4～11.5 m。

63. 酸枣（*Ziziphus jujuba* var. *spinosa*）

分布于南通市崇川区的军山，如军山山顶气象台的山坡。地理坐标为

N31.942 20°，E120.896 98°。酸枣为鼠李科的落叶小乔木，在本区分布较少，胸径一般为 0.3～23.3 cm，高度为 0.5～7.8 m。

64. 厚壳树（*Ehretia acuminata*）

分布崇川区的狼山。地理坐标如 N31.952 00°，E120.885 10°。厚壳树为紫草科的乔木。胸径一般为 28.1 cm，高度为 5 m 左右。

65. 大叶榉树（*Zelkova schneideriana*）

分布崇川区的狼山。地理坐标如 N31.952 00°，E120.885 10°。大叶榉树为国家Ⅱ级重点保护野生植物。榉树在本区的山地林中或路旁、沟边均生长良好，它很可能属于逸生种。

66. 白杜（丝棉木，*Euonymus maackii*）

分布于南通海门市的包场镇轴西村 15 组等地。地理坐标如 N31.991 80°，E121.458 10°。白杜为卫矛科落叶乔木，在本区分布较为常见，胸径一般为 15.0～42.0 cm，树高为 5.3～6.8 m。

67. 旱柳（*Salix matsudana*）

分布于南通海门市的四甲镇合心村 3 组水沟边。地理坐标为 N32.017 30°，E121.252 50°。旱柳为杨柳科的落叶乔木，在本区分布较为零星，胸径一般为 58.4 cm，高度为 10.5 m。

68. 乌桕（*Sapium sebiferum*）

分布于南通海门市的包场镇轴西村 15 组。地理坐标为 N31.991 80°，E121.458 10°。乌桕为大戟科的落叶乔木，在本区分布较为零星，胸径为 42.8 cm，树高为 11.0 m。

69. 枫杨（*Pterocarya stenoptera*）

分布于南通海门市的余东镇木桩港 3 组梁树先宅前。地理坐标为 N32.023 30°，E121.333 90°，海拔为 9 m。枫杨在该区分布较少，胸径为 59.7 cm，树高介于 10.0 m。

70. 榔榆（*Ulmus parvifolia*）

分布于南通海门市的包场镇轴西村 15 组。地理坐标为 N31.991 80°，E121.458 10°。种群数量较少，榔榆的胸径一般为 42.5 cm，树高介于 11.5 m。

71. 苦楝（*Melia azedarach*）

分布于南通海门市的正余镇河岸村 20 组俞于涵宅后。地理坐标为 N32.047 60°，E121.308 60°。苦楝为楝科落叶乔木，在调查样方中数量较少，胸径一般为33.0 cm，高度为 9.5 m。

72. 旱柳（*Salix matsudana*）

分布于南通启东市的多个地点，如合作镇周云村大路旁水沟边。地理坐标为 N31.944 00°，E121.629 00°。旱柳为杨柳科的落叶乔木，在本区分布较为零星，胸径一般为 15.0～78.2 cm，高度为 7.5～11.5 m。

73. 构树（*Broussonetia papyrifera*）

分布于南通启东市的合作镇竖海村 12 组。地理坐标为 N31.882 93°，E121.656 50°。构树为桑科落叶乔木，在本区通常呈现为小乔木或者灌木。种群数量不多，胸径一般为 17.7 cm，树高介于 7.5 m。

74. 白杜（丝棉木，*Euonymus maackii*）

分布于南通启东市的惠萍镇海红村水沟边。地理坐标为 N31.765 20°，E121.737 50°。白杜为卫矛科落叶乔木，在本区分布较为常见，胸径为 29.6 cm，树高为 7.0 m。

75. 柘树（*Cudrania tricuspidata*）

分布于南通市如东县的洋口镇六份头村 18 组。地理坐标为 N32.484 10°，E120.944 00°。柘树生长缓慢，在本区种群数量稀少。胸径一般为 22.3～27.7 cm，树高约为 7.0～12.0 m。

76. 朴树（*Celtis sinensis*）

分布于南通市如东县的洋口镇六份头村 18 组。地理坐标为 N32.484 10°，E120.944 00°。朴树在该区分布较少，胸径一般为 45.1～51.9 cm，树高介于 12.0～14.5 m。

77. 桑（*Morus alba*）

分布于南通市如东县的长沙镇，见于北坎村 7 组（现港城中通道）。地理坐标如 N32.389 80°，E121.322 50°。本区的桑分布稀少，胸径最大为 43.8 cm，最小为 30.9 cm，树高一般为 8.0～12.0 m。

78. 乌桕（*Sapium sebiferum*）

分布于南通市如东县的掘港镇，见于丁杨村 16 组。地理坐标为 N32.358 41°，

E121.219 10°。乌桕为大戟科的落叶乔木，在本区分布稀少，胸径一般为 40.8～51.9 cm，树高为 11.5～12.5 m。

79. 白杜（丝棉木，*Euonymus maackii*）

分布于南通市如东县的长沙镇北坎村。地理坐标如 N32.389 20°，E121.317 70°。白杜为卫矛科落叶乔木，在本区分布稀少，胸径为 27.6 cm，树高为 9.5 m。

80. 重阳木（*Bischofia polycarpa*）

分布于南通市如东县的大豫镇，见于丁家店村 40 组 26 号潘裕林宅旁。地理坐标为 N32.236 00°，E121.290 40°。重阳木为大戟科的落叶乔木，在本区胸径为 40.0 cm，高度为 10.0 m。

81. 雪柳（*Fontanesia phillyreoides* subsp. *fortunei*）

分布于南通市如东县的马塘镇，见于长路村 18 组高桂明宅旁。地理坐标为 N32.305 70°，E121.065 00°。雪柳在本区分布稀少，胸径为 22.2 cm，树高为 5.5 m。

82. 蘡薁（*Vitis adstricta*）

分布于南通市如东县的岔河镇，见于兴发村 6 组朱学高宅旁。地理坐标为 N32.350 10°，E120.897 32°。蘡薁为葡萄科落叶木质藤本，在本区分布稀少，其胸径达 16.5 cm，这在南通乃至江苏也较为罕见。

83. 榔榆（*Ulmus parvifolia*）

分布于南通市如东县的河口镇，见于花园头居委会 24 组缪宏凡宅旁。地理坐标为 N32.497 40°，E120.823 30°。种群数量稀少，榔榆的胸径为 24.5 cm，树高为 8.0 m。

84. 桑（*Morus alba*）

分布于南通如皋市的吴窑镇，见于立新村 23 组吴孝成宅旁沟边。地理坐标 N32.226 30°，E120.588 70°。本区的桑分布稀少，胸径为 49.2 cm，树高为 10.0 m。

85. 白杜（丝棉木，*Euonymus maackii*）

分布于南通如皋市的丁堰镇下圩村周国祥宅旁。地理坐标如 N32.399 50°，E120.716 50°。白杜为卫矛科落叶乔木，本区分布少，胸径为 30.9 cm，树高为 10.2 m。

86. 柘树（*Cudrania tricuspidata*）

分布于南通如皋市的江安镇，见于章庄村水沟边。地理坐标为N32.237 30°，E120.396 00°。柘树生长缓慢，在该区种群数量稀少，胸径一般为20.5～27.9 cm，树高约为8.9～9.2 m。

87. 朴树（*Celtis sinensis*）

分布于南通市通州区的东社镇，见于五马路村12组周勤宅后。地理坐标为N32.109 59°，E121.166 85°。朴树在该区分布一般，平均胸径为52.4 cm，平均树高为10.3 m。

88. 桑（*Morus alba*）

分布于南通市通州区的石港镇，见于金庄村2组郑达明屋后。地理坐标为N32.218 20°，E120.916 49°。本区的桑可能为逸生种，胸径为38.0 cm，树高为8.0 m。

89. 重阳木（*Bischofia polycarpa*）

分布于南通市通州区的东社镇和二甲镇。地理坐标如N32.158 66°，E121.224 35°。重阳木为大戟科的落叶乔木，在本区分布稀少，两株重阳木的胸径分别为42.4 cm、47.5 cm，长势良好，全为雄株。

90. 短穗竹（*Semiarundinaria densiflora*）

分布于南通市的马鞍山，地理坐标为N31.951 50°，E120.876 20°。短穗竹为禾本科的灌木状竹类。短穗竹在本区分布较少，胸径一般为0.5～1.1 cm，高度为0.9～1.6 m。

此外，这90份野生林木种质资源（群体）地理位置详表如表4－1所示：

表4－1　南通市野生林木种质资源（群体）地理位置详表

种名	序号	GPS地理坐标（°）*	海拔（m）	小地名与位置描述
海州常山	1	N32.637 20，E120.407 70	5	海安里下河省级湿地公园（墩头镇）
野蔷薇	2	N32.467 70，E120.403 50	7	海安孙庄镇陈港村7组（思源居）
狭叶山胡椒	3	N31.941 60，E120.894 94	57	军山采药路南段山坡
山胡椒	4	N31.942 89，E120.895 52	62	军山情侣路和采药路南段的山坡

续　表

种名	序号	GPS 地理坐标（°）*	海拔（m）	小地名与位置描述
野蔷薇	5	N31.941 45，E120.899 60	32	军山停车场对面林地
山莓	6	N31.951 75，E120.884 51	56	狼山挹翠亭附近的山坡
茅莓	7	N31.952 21，E120.885 10	108	狼山望江亭附近的山坡
山合欢	8	N31.952 18，E120.885 15	89	狼山沙淦碑亭附近的山坡
黄檀	9	N31.942 89，E120.895 52	62	军山采药路中段的山坡林地
山蚂蝗	10	如 N31.952 21，E120.885 10	30～110	狼山和军山多处
截叶铁扫帚	11	如 N31.942 89，E120.895 52	30～110	狼山和军山多处
细梗胡枝子	12	如 N31.941 45，E120.899 60	30～110	军山的多处山坡林缘或路旁
葛藤	13	如 N31.943 32，E120.897 69	30～110	狼山和军山多处
赛山梅	14	如 N31.943 06，E120.899 00	30～110	狼山和军山多处
白檀	15	如 N31.941 60，E120.894 94	55	军山采药路南段的山坡等地
苦槠	16	N31.943 64，E120.896 23	55	军山采药路北段附近的山坡林中
麻栎	17	如 N31.941 40，E120.896 40	30～110	军山多个地点
栓皮栎	18	如 N31.942 81，E120.899 16	30～110	军山和马鞍山多个地点
枫杨	19	如 N31.943 83，E120.897 91	30～110	军山多个地点
朴树	20	如 N31.940 83，E120.896 10	30～110	军山、狼山和马鞍山多个地点
榔榆	21	N31.940 83，E120.896 10	58	军山普陀别院前
榆树	22	如 N31.941 40，E120.891 40	30～110	军山多个地点
构树	23	如 N31.943 06，E120.899 00	30～110	军山、狼山和马鞍山多地
柘树	24	如 N31.943 06，E120.899 00	30～110	军山和狼山的山坡或沟旁
薜荔	25	如 N31.955 30，E120.867 90	30～110	军山、老山和黄泥山的多个地点
桑	26	如 N31.942 89，E120.895 52	30～110	军山的多个地点

续　表

种名	序号	GPS 地理坐标（°）	海拔（m）	小地名与位置描述
苎麻	27	如 N31. 030 00，E120. 782 90	10～110	军山、狼山和南通市城市绿谷
柞木	28	如 N31. 951 30，E120. 876 40	30～110	军山、老山和马鞍山的多个地点
扁担杆	29	如 N31. 955 30，E120. 867 90	30～110	军山和黄泥山的多个地点
梧桐	30	N31. 941 60，E120. 894 94	57	军山采药路南段的山坡
山麻杆	31	N31. 941 54，E120. 896 62	80	军山观音庙右侧
重阳木	32	如 N31. 943 06，E120. 899 00	30～110	军山多个地点
一叶萩	33	如 N31. 943 00，E120. 900 80	30～110	军山和狼山多个地点
石岩枫	34	N31. 942 30，E120. 898 20	64	军山的情侣路附近的山坡
乌桕	35	N31. 942 89，E120. 895 52	30～110	军山多个地点
冬青	36	如 N31. 952 18，E120. 885 15	50～80	狼山的沙淦碑亭附近的山坡等
卫矛	37	如 N31. 952 21，E120. 885 10	50～80	狼山的望江亭附近等
扶芳藤	38	N31. 951 50，E120. 876 20	48	马鞍山
白杜（丝棉木）	39	如 N31. 943 06，E120. 899 00	30～110	军山的多个地点
圆叶鼠李	40	N31. 955 30，E120. 867 90	28	黄泥山
雀梅藤	41	N31. 940 65，E120. 895 14	57	军山采药路南段山坡
爬山虎	42	如 N32. 030 00，E120. 782 90	30～110	军山和狼山和南通市的城市绿谷
蘡薁	43	如 N31. 952 21，E120. 885 10	30～110	军山、狼山和马鞍山的多个地点
紫金牛	44	N31. 941 60，E120. 894 94	57	军山采药路中段山坡
竹叶花椒	45	N31. 951 90，E120. 884 60	72	狼山
臭椿	46	如 N31. 952 20，E120. 885 10	30～110	军山和狼山的多个地点

续 表

种名	序号	GPS 地理坐标（°）*	海拔（m）	小地名与位置描述
苦楝	47	如 N31.941 60，E120.894 94	30～110	军山和狼山的多个地点
香椿	48	如 N31.941 81，E120.898 79	30～110	军山的多个地点
黄连木	49	如 N31.954 20，E120.897 30	30～110	军山、狼山和马鞍山的多个地点
三角枫	50	如 N31.942 23，E120.897 22	30～110	军山、狼山的多个地点
茶条槭	51	N31.943 64，E120.896 23	62	军山采药路北段山坡
雪柳	52	N31.951 75，E120.884 51	80	狼山挹翠亭附近的山坡
小蜡	53	如 N31.942 81，E120.899 18	30～1110	军山的多个地点
络石	54	如 N31.942 81，E120.899 18	30～1110	军山、狼山和黄泥山的多个地点
六月雪	55	N31.943 64，E120.896 23	60	军山采药路北段山坡
海州常山	56	如 N31.940 83，E120.896 10	30～110	军山和狼山的多个地点
木防己	57	如 N31.942 81，E120.899 18	30～110	军山、狼山和黄泥山的多个地点
枸杞	58	N31.940 83，E120.896 10	58	军山普陀别院前的山坡
大叶榉树	59	如 N31.963 90，E121.182 40	57	海门市三星镇瑞祥村 7 组的村落沟边
旱柳	60	如 N31.752 10，E121.668 90	5	海安市孙庄镇
厚壳树	61	如 N32.467 00，E120.403 60	63	海安市孙庄镇陈港村 7 组（思源居）
刺槐	62	如 N32.047 60，E121.308 60	57	崇川区军山山坡和海门市正余镇河举村 20 组俞于涵的宅后
酸枣	63	N31.942 20，E120.896 98	108	军山气象台山顶
厚壳树	64	如 N31.952 00，E120.885 10	63	狼山望江亭
大叶榉树	65	如 N31.952 00，E120.885 10	44	狼山法聚庵大门前
白杜（丝棉木）	66	如 N31.991 80，E121.458 10	9	海门市包场镇轴西村 15 组
旱柳	67	如 N32.017 30，E121.252 50	8	海门市四甲镇合心村 3 组水沟边
乌桕	68	如 N31.991 80，E121.458 10	9	海门市包场镇轴西村 15 组

续　表

种名	序号	GPS 地理坐标（°）*	海拔（m）	小地名与位置描述
枫杨	69	如 N32.023 30，E121.333 90	9	海门市余东镇木桩港 3 组梁树先宅前
榔榆	70	如 N31.991 80，E121.458 10	9	海门市包场镇轴西村 15 组
苦楝	71	如 N32.047 60，E121.308 60	15	海门市正余镇河岸村 20 组俞于涵宅后
旱柳	72	如 N31.944 00，E121.629 00	21	合作镇周云村大路旁水沟边
构树	73	如 N31.882 93，E121.656 50	15	启东市合作镇竖海村十二组
白杜（丝棉木）	74	如 N31.765 20，E121.737 50	16	启东市惠萍镇海红村水沟边
柘树	75	如 N32.484 10，E120.944 00	14	如东县洋口镇六份头村 18 组
朴树	76	如 N32.484 10，E120.944 00	14	如东县洋口镇六份头村 18 组
桑	77	如 N32.389 80，E121.322 50	14	如东县长沙镇北坎村 7 组（现港城中通道）
乌桕	78	如 N32.358 41，E121.219 10	13	如东县掘港镇丁杨村 16 组
白杜（丝棉木）	79	如 N32.389 20，E121.317 70	5	如东县长沙镇北坎村
重阳木	80	如 N32.236 00，E121.290 40	22	如东县大豫镇丁家店村 40 组 26 号潘裕林宅旁
雪柳	81	如 N32.305 70，E121.065 00	13	如东县马塘镇长路村 18 组高桂明宅旁
蘡薁	82	如 N32.350 10，E120.897 32	8	如东县岔河镇兴发村 6 组朱学高宅旁
榔榆	83	如 N32.497 40，E120.823 30	8	如东县河口镇花园头居委会 24 组缪宏凡宅旁
桑	84	如 N32.226 30，E120.588 70	16	如皋市吴窑镇立新村 23 组吴孝成宅旁沟边
白杜（丝棉木）	85	如 N32.399 50，E120.716 50	9	如皋市丁堰镇下圩村周国祥宅旁

续　表

种名	序号	GPS 地理坐标（°）*	海拔（m）	小地名与位置描述
柘树	86	如 N32.237 30，E120.396 00	13	如皋市江安镇章庄村水沟边
朴树	87	如 N32.109 59，E121.166 85	4	通州区东社镇五马路村12组周勤宅后
桑	88	如 N32.218 20，E120.916 49	14	通州区石港镇金庄村2组郑达明屋后
重阳木	89	如 N32.158 66，E121.224 35	16	通州区东社镇中和村32组季卫
短穗竹	90	N31.951 50，E120.876 20	48	马鞍山

* 注：对于有多个分布地点的物种，在 GPS 地理坐标一栏仅列一个并加上“如”。

二、野生个体

由于同一树种的不同个体，在自然界中不论是野生还是栽培状态，理论上都可能存在不同程度的性状变异。在这些性状变异中，有些可能表现为植株高大、蓄积量大或生长速度快，而有些则呈现为抗逆性强、抗病虫害、物候期异常、形态特异等特点，所有这些都有可能代表了独特的林木种质遗传资源，可以直接或间接为林业生产所利用。根据对南通市的野外调查，我们发现共有86份野生个体林木种质资源。（表4－2、表4－3）

根据调查，南通市的这86份野生个体林木种质资源共涉及25种，隶属于18科24属。从植物类群看，这些植物均属于被子植物中的双子叶植物，未见裸子植物或单子叶植物的野生个体。

图4－17　柞木（野生个体）

就生活型而言，这25种植物除了薜荔、柞木（图4－17）为常绿树种外，其余23种植物

图 4-18　白杜（野生个体）

均为落叶树种，如朴树、榔榆和大叶榉树等。（见附录Ⅲ）

就植株的数量而言，它们中株树最多的前 3 个物种分别为：白杜，12 株（图 4-18）；朴树，11 株（图4-19）；柘树，10 株，（图 4-20）。其余 23 个树种，如旱柳、榔榆、大叶榉树等，尽管植株数量较少，但是它们散见于调查区域的不同地点，可以考虑作为今后林木遗传育种的珍贵遗传材料。例如，位于孙庄镇陈港村 7 组的思源居的厚壳树（图 4-21），它的胸径达 36.0 cm,这在南通市境内并不多见。又如，位于军山山顶气象台附近的酸枣，其胸径达 23.3 cm，树高 7.8 m，平均冠幅 5.5 m，这是目前已知的南通市境内的最大的酸枣（附录Ⅳ），而且如此大的酸枣在江苏省境内也不多见。酸枣与枣同属于鼠李科的枣属，但酸枣的适应性较普通枣强，花期很长，可作为蜜源植物。酸枣的营养价值很高，具有较高的药用价值，也可作为食品，去果肉枣仁还可作为中药材。

图 4－19　朴树（野生个体）

图 4－20　柘树（野生个体）

图 4－21　厚壳树（野生个体）

因此，建议今后加大对该区野生林木种质资源，尤其是野生个体林木种质资源的合理保护和开发利用。

具体种质资源情况如表 4－2、表 4－3 和附录Ⅱ所示。

三、野生优树

优树是指在同一树种中，某些性状或单一性状（如生长量、形质、抗性、适应性等）明显超出相同立地条件下周围同龄植株的树木。优树为优良的林木育种材料，可用于建立无性系采穗圃或种子园，可以为造林提供优质的繁殖材料，能够在一定程度上获得较高的遗传增益。

优树的选择方法有多种。《江苏省林木种质资源清查技术标准》提供了 3 种方法：优树木对比法、丰产树比较法和小样方法。由于丰产树法主要适用于经济林树种选择优良单株，小样方法要求事先设定优树标准，而本次调查选择的野生林木种质资源中的优良单株属于潜在的优良遗传资源，因此这两种方法均不合适。在此次调查的林木中，通常认为处于乔木层中的优势种或建群种，在总体上它们的林龄很可能相对一致或者相近，而在某一较小的局部地段，这些个体的立地条件也较为相似，因此本次调查中野生优树的判断方法采用“优势木对比法”。

优势木对比法的具体做法如下：首先，在野外根据观察确定候选优树，再以候选优树为中心，在立地条件相对一致的 10～15 m 半径的范围内，选出仅次于候选优树的 3～5 株优势木，实测两者的树高、胸径、冠幅等指标，若前者大于后者，则候选优树可以入选。

具体种质资源情况如表 4－2、表 4－3 所示。

表 4－2　南通市野生林木种质资源（个体和优树）地理位置详表

种质资源类型	种名	序号	GPS 地理坐标（°）	海拔（m）	小地名与位置描述
个体	白杜	1	N32.467 00，E120.403 60	6	海安市孙庄镇陈港村 7 组（思源居）
	白杜	2	N32.467 00，E120.403 60	6	海安市孙庄镇陈港村 7 组（思源居）

续　表

种质资源类型	种名	序号	GPS 地理坐标（°）	海拔（m）	小地名与位置描述
个体	旱柳	3	N32.467 00，E120.403 60	6	海安市孙庄镇陈港村 7 组（思源居）
	柘树	4	N32.467 00，E120.403 60	6	海安市孙庄镇陈港村 7 组（思源居）
	黄檀	5	N32.467 00，E120.403 60	6	海安市孙庄镇陈港村 7 组（思源居）
	厚壳树	6	N32.467 00，E120.403 60	6	海安市孙庄镇陈港村 7 组（思源居）
	薜荔	7	N32.558 40，E120.459 10	16	海安市江淮文化园（海安镇凤山北路 33 号）
	旱柳	8	N31.944 00，E121.629 00	21	启东市合作镇周云村大路旁水沟边
	旱柳	9	N31.882 93，E121.656 50	15	启东市合作镇竖海村十二组
	旱柳	10	N31.752 10，E121.668 90	5	启东市惠萍镇大兴镇村
	旱柳	11	N31.752 10，E121.668 90	5	启东市惠萍镇大兴镇村
	旱柳	12	N31.752 10，E121.668 90	5	启东市惠萍镇大兴镇村
	构树	13	N31.882 93，E121.656 50	15	启东市合作镇竖海村十二组
	白杜	14	N31.765 20，E121.737 50	16	惠萍镇海红村水沟边
	柘树	15	N32.399 50，E120.716 50	9	如皋市丁堰镇下圩村周国祥宅旁
	白杜	16	N32.399 50，E120.716 50	9	如皋市丁堰镇下圩村周国祥宅旁

续 表

种质资源类型	种名	序号	GPS 地理坐标（°）	海拔(m)	小地名与位置描述
个体	柘树	17	N32.237 30，E120.396 00	13	如皋市江安镇章庄村水沟边
	桑	18	N32.226 30，E120.588 70	16	如皋市吴窑镇立新村 23 组吴孝成宅旁沟边
	桑	19	N32.314 50，E121.187 90	16	如东县掘港镇郡庙巷
	乌桕	20	N32.399 90，E121.235 90	14	如东县长沙镇四桥村 34 组
	柘树	21	N32.389 20，E121.317 70	5	如东县长沙镇北坎村
	白杜	22	N32.389 20，E121.317 70	5	如东县长沙镇北坎村
	桑	23	N32.389 80，E121.322 50	14	如东县长沙镇北坎村 7 组
	重阳木	24	N32.236 00，E121.290 40	22	如东县大豫镇丁家店村 40 组 26 号潘裕林宅旁
	朴树	25	N32.203 00，E121.260 10	20	如东县大豫镇大同村 7 组沈志辉宅旁
	乌桕	26	N32.358 41，E121.219 10	13	如东县掘港镇丁杨村 16 组
	雪柳	27	N32.305 70，E121.065 00	13	如东县马塘镇长路村 18 组高桂明宅旁
	朴树	28	N32.350 10，E120.897 32	8	如东县岔河镇兴发村 6 组朱学高宅旁
	蘡薁	29	N32.350 10，E120.897 32	8	如东县岔河镇兴发村 6 组朱学高宅旁
	榔榆	30	N32.497 40，E120.823 30	8	如东县河口镇花园头居委会 24 组缪宏凡

续 表

种质资源类型	种名	序号	GPS 地理坐标（°）	海拔(m)	小地名与位置描述
个体	柘树	31	N32.497 40，E120.823 30	8	如东县河口镇花园头居委会 24 组缪宏凡宅旁
	朴树	32	N32.484 10，E120.94 40	14	如东县洋口镇六份头村 18 组
	柘树	33	N32.484 10，E120.944 0	14	如东县洋口镇六份头村 18 组
	柘树	34	N32.484 10，E120.944 0	14	如东县洋口镇六份头村 18 组
	重阳木	35	N32.037 30，E121.162 00	12	通州区二甲镇余西居余西小学后
	朴树	36	N32.037 30，E121.162 00	12	通州区二甲镇余西居余西小学后
	朴树	37	N32.037 30，E121.162 00	12	通州区二甲镇余西居余西小学后
	朴树	38	N32.109 59，E121.166 85	4	通州区东社镇五马路村 12 组周勤宅后
	重阳木	39	N32.158 66，E121.224 35	16	通州区东社镇中和村 32 组季卫
	桑	40	N32.218 20，E120.916 49	14	通州区石港镇金庄村 2 组郑达明屋后
	旱柳	41	N32.017 30，E121.252 50	8	海门市四甲镇合心村 3 组水沟边
	榔榆	42	N31.991 80，E121.458 10	9	海门市包场镇轴西村 15 组
	乌桕	43	N31.991 80，E121.458 10	9	海门市包场镇轴西村 15 组
	枫杨	44	N32.023 3，E121.333 90	12	海门市余东镇木桩港 3 组梁树先宅前

续 表

种质资源类型	种名	序号	GPS 地理坐标（°）	海拔(m)	小地名与位置描述
个体	大叶榉树	45	N31. 963 90，E121. 182 40	15	海门市三星镇瑞祥村 7 组
	苦楝	46	N32. 047 60，E121. 308 60	15	海门市正余镇河岸村 20 组俞于涵宅后
	刺槐	47	N32. 047 60，E121. 308 60	15	海门市正余镇河岸村 20 组俞于涵宅后
	白杜	48	N32. 010 4，E121. 338 70	14	海门市余东镇木桩港 22 组
	白杜	49	N31. 991 80，E121. 458 10	9	海门市包场镇轴西村 15 组
	大叶榉树	50	N31. 951 50，E120. 884 10	44	狼山法聚庵大门前
	大叶榉树	51	N31. 951 50，E120. 884 10	44	狼山法聚庵大门前
	乌桕	52	N31. 952 10，E120. 882 80	100	狼山山顶店铺旁
	大叶榉树	53	N31. 952 00，E120. 883 50	79	狼山
	白杜	54	N31. 952 00，E120. 883 50	79	狼山
	厚壳树	55	N31. 952 00，E120. 885 10	63	狼山望江亭
	黄连木	56	N31. 952 00，E120. 885 10	63	狼山望江亭
	柘树	57	N31. 952 20，E120. 885 00	72	狼山望江亭坡下
	柘树	58	N31. 952 20，E120. 885 00	72	狼山望江亭坡下
	柞木	59	N31. 951 70，E120. 885 10	65	狼山望江亭南坡
	白杜	60	N32. 030 10，E120. 780 00	7	港闸区城市绿谷
	麻栎	61	N32. 029 50，E120. 784 10	15	港闸区城市绿谷
	麻栎	62	N32. 029 50，E120. 784 10	15	港闸区城市绿谷
	柘树	63	N32. 066 50，E120. 808 60	16	港闸区唐闸镇街道南通市第二中学
	黄连木	64	N31. 954 90，E120. 868 60	34	园博园黄泥山靠近山顶雷达站附近

续　表

种质资源类型	种名	序号	GPS 地理坐标（°）	海拔(m)	小地名与位置描述
个体	梧桐	65	N31.953 70，E120.872 40	15	园博园马鞍山
	三角枫	66	N31.953 60，E120.872 30	24	园博园马鞍山
	朴树	67	N31.953 50，E120.872 70	36	园博园马鞍山
	三角枫	68	N31.953 20，E120.872 90	42	园博园马鞍山
	朴树	69	N31.951 50，E120.876 20	48	园博园马鞍山
	朴树	70	N31.943 50，E120.899 20	44	军山
	三角枫	71	N31.951 40，E120.876 40	31	园博园马鞍山
	朴树	72	N31.951 30，E120.876 50	28	园博园马鞍山
	白杜	73	N31.943 40，E120.898 80	46	军山
	枫杨	74	N31.943 10，E120.898 20	71	军山
	大叶榉树	75	N31.942 70，E120.897 70	91	军山
	麻栎	76	N31.942 50，E120.897 30	70	军山
	酸枣	77	N31.942 20，E120.896 98	108	军山山顶气象台
	白杜	78	N31.942 20，E120.896 98	108	军山山顶气象台门外平台
	乌桕	79	N31.942 20，E120.896 98	108	军山山顶气象台门外平台
	榔榆	80	N31.940 80，E120.896 20	111	军山
	榔榆	81	N31.940 80，E120.896 20	111	军山
	榔榆	82	N31.940 80，E120.896 20	111	军山
	朴树	83	N31.941 50，E120.897 10	84	军山情侣路
	白杜	84	N31.941 70，E120.897 40	80	军山情侣路
	臭椿	85	N31.942 30，E120.898 20	63	军山
	黄连木	86	N31.943 30，E120.900 30	69	军山
优树	旱柳	1	N31.752 10，E121.668 90	10	启东市惠萍镇大兴镇村沈轶公故居外
	黄连木	2	N31.940 03，E120.896 21	74	军山

表 4-3　南通市野生林木种质资源（个体）基本特征

种名	序号	胸径(cm)	枝下高(m)	树高(m)	平均冠幅(m)	性别
白杜	1	40.0	3.7	8.9	4.5	雌雄同株
白杜	2	29.0	3.5	8.5	3.5	雌雄同株
旱柳	3	35.1	3.4	7.8	6.5	雄株
柘树	4	8.0	3.2	6.2	3.0	雄株
黄檀	5	32.2	8.9	3.8	3.5	雌雄同株
厚壳树	6	36.0	8.6	4.1	4.0	雌雄同株
薜荔	7	1.2	—	—	—	雌雄同株
旱柳	8	66.3	2.5	11.0	11.5	雄株
旱柳	9	78.4	1.5	10.0	8.5	雄株
构树	10	17.7	1.8	8.5	6.5	雄株
旱柳	11	59.7	3.1	10.0	8.5	雌株
旱柳	12	15.3	2.9	8.0	7.0	雌株
旱柳	13	15.0	2.5	7.5	6.5	雌株
白杜	14	29.6	2.1	7.0	8.0	雌雄同株
柘树	15	20.5	1.6	9.2	8.0	雄株
白杜	16	30.9	1.8	9.2	8.5	雌雄同株
柘树	17	27.9	1.8	8.9	8.5	雄株
桑	18	49.2	3.8	10.0	10.0	雌株
桑	19	30.9	1.7	8.0	9.0	雄株
乌桕	20	51.9	1.9	12.5	8.5	雌雄同株
柘树	21	23.4*	0.2	9.0	8.0	雄株
白杜	22	27.6*	1.2	9.0	9.5	雌雄同株
桑	23	43.8	1.9	12.0	11.0	雄株
重阳木	24	40.0	3.0	10.0	7.5	雌株
朴树	25	39.0	2.8	14.5	6.5	雌雄同株
乌桕	26	40.8	0.3	11.5	7.8	雌雄同株
雪柳	27	22.2	0.5	5.5	6.0	雌雄同株

续 表

种名	序号	胸径(cm)	枝下高(m)	树高(m)	平均冠幅(m)	性别
朴树	28	51.9	2.6	12.0	15.0	雌雄同株
蘡薁	29	16.5	1.6	10.0	3.5	雌雄同株
榔榆	30	24.5	3.4	8.0	7.5	雌雄同株
柘树	31	23.6	3.5	12.0	8.5	雄株
朴树	32	45.1	2.0	12.0	12.5	雌雄同株
柘树	33	27.7	1.8	11.0	8.5	雄株
柘树	34	22.3	1.8	7.0	8.0	雄株
重阳木	35	42.4	2.3	6.0	4.5	雄株
朴树	36	60.5	0.5	11.0	7.5	雌雄同株
朴树	37	59.6	0.5	11.0	6.5	雌雄同株
朴树	38	37.0	2.4	9.0	11.0	雌雄同株
重阳木	39	47.5	3.8	11.5	9.5	雄株
桑	40	38.0	4.0	8.0	9.0	雌株
旱柳	41	58.4	2.4	10.5	5.5	雄株
榔榆	42	42.5	2.1	11.5	10.5	雌雄同株
乌桕	43	42.8	3.6	11.0	9.5	雌雄同株
枫杨	44	59.7	3.1	10.0	8.5	雌雄同株
大叶榉树	45	37.0	2.8	15.0	11.0	雌雄同株
苦楝	46	33.0	2.2	9.5	5.5	雌雄同株
刺槐	47	28.3	2.0	6.5	3.5	雌雄同株
白杜	48	21.0	2.8	9.0	6.5	雌雄同株
白杜	49	21.7	1.7	5.0	5.5	雌雄同株
大叶榉树	50	36.0	2.2	14.0	9.5	雌雄同株
大叶榉树	51	30.6	5.2	15.0	10.5	雌雄同株
乌桕	52	36.6	3.0	14.0	9.5	雌雄同株
大叶榉树	53	29.4	1.9	13.0	8.5	雌雄同株
白杜	54	24.0	2.6	8.0	5.0	雌雄同株
厚壳树	55	28.1	2.3	5.0	4.5	雌雄同株

续 表

种名	序号	胸径(cm)	枝下高(m)	树高(m)	平均冠幅(m)	性别
黄连木	56	50.0	2.0	7.0	4.5	雌雄同株
柘树	57	15.5	2.1	8.5	5.0	雌株
柘树	58	13.0	1.9	8.0	5.5	雌株
柞木	59	32.0	2.3	9.0	7.5	雌雄同株
白杜	60	41.1	5.0	12.0	5.5	雌雄同株
麻栎	61	38.9	5.5	12.0	7.5	雌雄同株
麻栎	62	31.4	3.0	10.0	7.0	雌雄同株
柘树	63	24.6	1.2	5.5	5.5	雌株
黄连木	64	28.0	3.0	8.0	7.5	雌雄同株
梧桐	65	30.7	5.8	15.0	8.5	雌雄同株
三角枫	66	22.0	6.1	16.0	7.5	雌雄同株
朴树	67	36.0	2.2	10.0	7.5	雌雄同株
三角枫	68	26.6	3.6	14.0	5.5	雌雄同株
朴树	69	33.5	2.6	12.0	7.5	雌雄同株
三角枫	70	29.6	5.6	16.0	7.5	雌雄同株
朴树	71	38.7	2.2	11.0	7.5	雌雄同株
朴树	72	51.6	3.3	14.0	11.5	雌雄同株
白杜	73	29.1	2.9	12.8	7.0	雌雄同株
枫杨	74	50.5	3.1	14.0	11.5	雌雄同株
大叶榉树	75	21.8	3.2	11.0	5.5	雌雄同株
麻栎	76	29.5	6.5	12.0	9.0	雌雄同株
酸枣	77	23.3	2.4	7.8	5.5	雌雄同株
白杜	78	29.3	4.9	11.5	7.5	雌雄同株
乌桕	79	39.2	1.9	11.0	7.5	雌雄同株
榔榆	80	31.4	2.3	14.0	6.5	雌雄同株
榔榆	81	24.4	1.8	9.0	5.5	雌雄同株
榔榆	82	29.1	2.1	14.0	5.5	雌雄同株
朴树	83	43.3	2.2	14.0	16.5	雌雄同株

续　表

种名	序号	胸径 (cm)	枝下高 (m)	树高 (m)	平均冠幅 (m)	性别
白杜	84	39.3	2.9	14.0	7.5	雌雄同株
臭椿	85	36.3	1.9	11.0	11.0	雌雄同株
黄连木	86	49.2	2.0	14.0	9.5	雌雄同株

注：* 部分树种由于枝下高过低等原因无法测量其胸径，以基径（基部直径）代替胸径。

根据在南通市的野外调查，共发现该区有 2 份野生优树林木种质资源（表 4－2），即旱柳和黄连木（图 4－22、图 4－23）。旱柳位于启东市惠萍镇大兴镇村沈铁公故居外，地理位置为 N31.752 10°，E121.668 90°。黄连木分布于南通市军山山坡林中，地理位置为 N31.940 03°，E120.896 21°。

图 4－22　旱柳（优树 野生林木）

图 4－23　黄连木（优树 野生林木）

旱柳在南通市境内的沟边或堤岸多有分布，黄连木在军山的次生林中也时常可见，但是，此次调查发现的这两份野生优树资源，从植株的形态特征（树高、胸径、冠幅等指标）看，明显区别于周围的其他植株。因此，今后开在保护、发或利用时值得关注。

第三节　栽培利用林木种质资源

栽培利用林木种质资源指调查范围内造林工程、城乡绿化、庭院绿化、四旁绿化、经济林果园等人工种植的林木种质资源。南通市这一类型的林木种质资源包括栽培的树种及品种。

通过野外调查和统计分析，南通市栽培利用的林木种质资源共有 364 份，包括选群体 40 份、个体 256 份、优树 14 份、选育品种 11 份、地方品种 2 份和无性系 41 份。这些栽培种质共涉及 55 科 88 属 142 种。

一、栽培群体

根据 50 个样方及线路调查的分析，南通市的栽培利用林木种质资源中共有 40 份群体。就类群而言，这些栽培群体种质涉及 40 种，隶属于 37 科 39 属；就分布地点而言，这些种质主要分布于南通市的军山，而在狼山、黄泥山和马鞍山则分布较少。本区的栽培利用林木种质资源的群体类型，大多为公园或景区内栽培绿化或观赏的树种，通过自然或人为影响而“入侵”到附近山坡的次生林中。

这些栽培群体种质资源的种类、海拔及分布地点等特征见表 4－4。

表 4－4　南通市栽培利用林木种质资源（群体）地理位置详表

种名	序号	GPS 地理坐标（°）	海拔（m）	小地名与位置描述
银杏	1	如 N31. 943 41，E120. 900 13	30～80	军山停车场附近、防空洞左侧山坡
雪松	2	N31. 941 45，E120. 899 60	32	军山停车场对面林地
黑松	3	N31. 952 20，E120. 885 10	30～80	军山、狼山等多个地点

续　表

种名	序号	GPS 地理坐标（°）*	海拔（m）	小地名与位置描述
柳杉	4	N31.951 50，E120.876 20	48	马鞍山
水杉	5	如 N31.941 45，E120.899 60	30～80	军山停车场、防空洞附近
池杉	6	N31.943 41，E120.900 13	50	军山防空洞左侧 50 m
刺柏	7	N31.942 89，E120.895 52	62	军山采药路中段的山坡林地
侧柏	8	如 N31.951 50，E120.876 20	30～110	军山、狼山和马鞍山多处
圆柏	9	如 N31.515 90，E120.884 30	30～110	狼山和军山多处
罗汉松	10	如 N31.941 45，E120.899 60	30～110	军山的多处山坡林缘或路旁
玉兰	11	N31.941 45，E120.899 60	32	军山停车场对面林地
香樟	12	如 N31.943 06，E120.899 00	30～110	狼山和军山多处
樱花	13	如 N31.943 45，E120.899 26	50～70	军山野芬景点、采药路南段的山坡等地
垂丝海棠	14	N31.943 41，E120.900 13	55	军山防空洞左侧山坡
石楠	15	N31.943 06，E120.899 00	30～110	军山孔雀园路附近山坡
蜡梅	16	如 N31.943 64，E120.896 23	30～110	军山采药路北段等地
紫荆	17	如 N31.942 23，E120.897 22	30～110	军山湘严路南段山坡等地
合欢	18	如 N31.943 41，E120.900 13	30～110	军山防空洞附近山坡等地
刺槐（洋槐）	19	如 N31.951 30，E120.876 40	30～110	军山、马鞍山等地
国槐	20	如 N31.941 45，E120.899 60	30～110	军山停车场附近山坡等地
八角金盘	21	如 N31.943 83，E120.897 90	30～110	军山售票处西侧山坡等地
大叶黄杨	22	如 N31.941 45，E120.899 60	30～110	军山停车场对面林地等多处

续 表

种名	序号	GPS 地理坐标（°）*	海拔（m）	小地名与位置描述
黄杨	23	如 N31.943 41，E120.900 13	30～110	军山防空洞左侧山坡等多处
板栗	24	如 31.940 10，E120.782 90	30～110	军山的多个地点
大叶榉树	25	如 N31.941 40，E120.896 40	30～110	军山、狼山的多个地点
结香	26	N31.941 45，E120.899 60	32	军山停车场对面林地
海桐	27	如 N31.943 83，E120.897 90	30～110	军山售票处西侧山坡等地
山茶	28	如 N31.940 65，E120.895 14	30～110	军山采药路南段等地
茶梅	29	如 N31.943 83，E120.897 90	30～110	军山售票处西侧等多处
茶	30	如 N31.939 88，E120.895 35	30～110	军山圆照路等地多处
无患子	31	N31.941 45，E120.899 60	64	军山停车场对面林地
鸡爪槭	32	如 N31.943 83，E120.897 90	30～110	军山多个地点
小叶女贞	33	如 N31.955 00，E120.868 40	50～80	军山、黄泥山等地
桂花	34	如 N31.951 90，E120.884 30	50～80	军山、狼山等地
夹竹桃	35	如 N31.942 10，E120.895 13	30～110	军山采药路中段等地多处
栀子花	36	如 N31.940 65，E120.895 14	30～110	军山的多个地点
紫薇	37	如 N31.939 88，E120.895 35	30～110	军山的多个地点
珊瑚樱	38	N31.942 23，E120.897 22	30～110	军山湘严路南段等地多处
毛泡桐	39	如 N32.943 32，E120.897 69	30～110	军山多个地点
棕榈	40	如 N32.943 41，E120.900 13	30～110	军山多个地点

*注：对于有多个分布地点的物种，在 GPS 地理坐标一栏仅列一个并加上“如”。

二、栽培个体

根据野外调查和统计分析，南通市境内的 7 个调查单元共有 256 份栽培个体。这 256 份栽培个体林木种质资源共涉及 68 种，隶属于 37 科 56 属。其中，裸子植物有 6 科 11 属 11 种；被子植物有 31 科 45 属 57 种。

就生活型而言，它们中有23种为常绿树种，其余的45种均为落叶树种。可见，该区的栽培个体大多为落叶树种。这23种常绿树种主要有苏铁（铁树，*Cycas revoluta*）、香樟（*Cinnamomum camphora*）、柞木等，其余45种落叶树种主要有蜡梅（*Chimonanthus praecox*）、杜仲（*Eucommia ulmoides*）、黄连木等（具体见附录Ⅱ）。

就株数而言，株树最多的前3个物种分别为：银杏（*Ginkgo biloba*，32株，图4-24）、大叶榉树（21株，如图4-25）、榔榆（15株，图4-26）。这3种均为落叶乔木。其中，银杏的野生植株为我国特有的国家Ⅰ级重点保护野生植物（曹福亮，2007）；大叶榉树又称榉树，它的野生植株为国家Ⅱ级重点保护野生植物。这68种植物基本均为南通地区的常见栽培树种，它们不仅长势较为良好，而且具有一定的实用价值，如具有绿化和观赏价值。其次，株数位居前十的其他物种（排名第4—12名）有朴树（10株）、香椿（9株）、桂花（9株）、香樟（8株）、苦楝（8株）、柿（*Diospyros kaki* var. *sylvestris*，8株）、雪松（*Cedrus deodara*）（7株）、杜仲（7株）和紫薇（*Lagerstroemia indica*，7株）。而其余物种的株数较少，均不超过6株。

图4-24 银杏（栽培种质 崇川佛教居士林）

图 4－25　大叶榉树（栽培种质 海门三厂镇）

图 4－26　榔榆（栽培种质 如东丰利镇）

这 68 种栽培个体的具体种质资源情况如表 4－5、表 4－6 和附录Ⅱ所示。

表 4－5　南通市栽培利用种质资源（个体和优树）信息表

种质资源类型	种（品种）中文名	份数	种（品种）拉丁学名	属名	科名
个体	银杏	32	*Ginkgo biloba* Linn.	银杏属 *Ginkgo*	银杏科 Ginkgoaceae
	大叶榉树	21	*Zelkova schneideriana* Hand. -Mazz.	榉属 *Zelkova*	榆科 Ulmaceae

续　表

种质资源类型	种（品种）中文名	份数	种（品种）拉丁学名	属名	科名
个体	榔榆	15	*Ulmus parvifolia* Jacq.	榆属 *Ulmus*	榆科 Ulmaceae
	朴树	10	*Celtis sinensis* Pers.	朴属 *Celtis*	榆科 Ulmaceae
	香椿	9	*Toona sinensis*（A. Juss.）Roem.	香椿属 *Toona*	楝科 Meliaceae
	桂花	9	*Osmanthus fragrans*（Thunb.）Lour.	木犀属 *Osmanthus*	木犀科 Oleaceae
	香樟	8	*Cinnamomum camphora*（Linn.）Presl.	樟属 *Cinnamomum*	樟科 Lauraceae
	苦楝	8	*Melia azedarach* Linn.	楝属 *Melia*	楝科 Meliaceae
	柿	8	*Diospyros kaki* var. *sylvestris* Makino	柿属 *Diospyros*	柿树科 Ebenaceae
	雪松	7	*Cedrus deodara*（Roxb.）G. Don	雪松属 *Cedrus*	松科 Pinaceae
	杜仲	7	*Eucommia ulmoides* Oliv.	杜仲属 *Eucommia*	杜仲科 Eucommiaceae
	紫薇	7	*Lagerstroemia indica* Linn.	紫薇属 *Lagerstroemia*	千屈菜科 Lythraceae
	皂荚	6	*Gleditsia sinensis* Lam.	皂荚属 Gleditsia	云实科 Caesalpiniaceae
	圆柏	5	*Juniperus chinensis*（Linn.）Ant.	圆柏属 *Juniperus*	柏科 Cupressaceae
	罗汉松	4	*Podocarpus macrophyllus* D. Don	罗汉松属 *Podocarpus*	罗汉松科 Podocarpaceae
	榆树	4	*Ulmus pumila* Linn.	榆属 *Ulmus*	榆科 Ulmaceae

续 表

种质资源类型	种（品种）中文名	份数	种（品种）拉丁学名	属名	科名
个体	枇杷	4	*Eriobotrya japonica* (Thunb.) Lindl.	枇杷属 *Eriobotrya*	蔷薇科 Rosaceae
	黄檀	4	*Dalbergia hupeana* Hance	黄檀属 *Dalbergia*	蝶形花科 Papilionaceae
	黄杨（瓜子黄杨）	4	*Buxus sinica* (Rehd. et Wils.) M. Cheng	黄杨属 *Buxus*	黄杨科 Buxaceae
	苏铁（铁树）	3	*Cycas revoluta* Thunb.	苏铁属 *Cycas*	苏铁科 Cycadaceae
	黑松	3	*Pinus thunbergii* Parl.	松属 *Pinus*	松科 Pinaceae
	柏木	3	*Cupressus funebris* Endl.	柏木属 *Cupressus*	柏科 Cupressaceae
	荷花玉兰（广玉兰）	3	*Magnolia grandiflora* Linn.	木兰属 *Magnolia*	木兰科 Magnoliaceae
	紫弹树	3	*Celtis biondii* Pamp.	朴属 *Celtis*	榆科 Ulmaceae
	桑	3	*Morus alba* Linn.	桑属 *Morus*	桑科 Moraceae
	梧桐	3	*Firmiana simplex* (Linn.) F. W. Wight	梧桐属 *Firmiana*	梧桐科 Sterculiaceae
	国槐	3	*Sophora japonica* Linn.	槐属 *Robinia*	蝶形花科 Papilionaceae
	冬青卫矛	3	*Euonymus japonicus* Thunb.	卫矛属 *Euonymus*	卫矛科 Celastraceae
	雪柳	3	*Fontanesia phillyreoides* subsp. *fortunei* (Carrière) Yalt.	雪柳属 *Fontanesia*	木犀科 Oleaceae
	女贞	3	*Ligustrum lucidum* Ait.	女贞属 *Ligustrum*	木犀科 Oleaceae

续 表

种质资源类型	种（品种）中文名	份数	种（品种）拉丁学名	属名	科名
个体	日本柳杉	2	*Cryptomeria japonica* (Linn. f.) D. Don	柳杉属 *Cryptomeria*	杉科 Taxodiaceae
	杉木	2	*Cunninghamia lanceolata* (Lamb.) Hook.	杉木属 *Cunninghamia*	杉科 Taxodiaceae
	水杉	2	*Metasequoia glyptostroboides* Hu et Cheng	水杉属 *Metasequoia*	杉科 Taxodiaceae
	侧柏	2	*Platycladus orientalis* (Linn.) Franco	侧柏属 *Platycladus*	柏科 Cupressaceae
	柽柳	2	*Tamarix chinensis* Lour.	柽柳属 *Tamarix*	柽柳科 Tamaricaceae
	加杨	2	*Populus* × *canadensis* Moench	杨属 *Populus*	杨柳科 Salicaceae
	石楠	2	*Photinia serrulata* Lindl.	石楠属 *Photinia*	蔷薇科 Rosaceae
	刺槐（洋槐）	2	*Robinia pseudoacacia* Linn.	刺槐属 *Robinia*	蝶形花科 Papilionaceae
	龙爪槐	2	*Sophora japonica* ‘Pendula’	槐属 *Sophora*	蝶形花科 Papilionaceae
	重阳木	2	*Bischofia polycarpa* (Lévl.) Airy Shaw	秋枫属 *Bischofia*	大戟科 Euphorbiaceae
	南酸枣	2	*Choerospondias axillaris* (Roxb.) Burtt et Hill	南酸枣属 *Choerospondias*	漆树科 Anacardiaceae
	毛泡桐	2	*Paulownia tomentosa* Steud.	泡桐属 *Paulownia*	玄参科 Scrophulariaceae
	黄金树	2	*Catalpa speciosa* (Barney) Engelm	梓树属 *Catalpa*	紫葳科 Bignoniaceae
	二乔玉兰	1	*Magnolia* × *soulangeana* (Soul. -Bod.) D. L. Fu	木兰属 *Magnolia*	木兰科 Magnoliaceae

续 表

种质资源类型	种（品种）中文名	份数	种（品种）拉丁学名	属名	科名
个体	蜡梅	1	*Chimonanthus praecox* (Linn.) Link	蜡梅属 *Chimonanthus*	蜡梅科 Calycanthaceae
	天竺桂	1	*Cinnamomum japonicum* Sieb.	樟属 *Cinnamomum*	樟科 Lauraceae
	月桂	1	*Laurus nobilis* Linn.	月桂属 *Laurus*	樟科 Lauraceae
	构树	1	*Broussonetia papyrifera* (Linn.) L' r. ex Vent.	构属 *Broussonetia*	桑科 Moraceae
	榕树	1	*Ficus microcarpa* Linn. f.	榕属 *Ficus*	桑科 Moraceae
	山核桃	1	*Carya cathayensis* Sarg.	山核桃属 *Carya*	胡桃科 Juglandaceae
	板栗	1	*Castanea mollissima* Bl.	栗属 *Castanea*	壳斗科 Fagaceae
	柞木	1	*Xylosma congesta* (Lour.) Merr.	柞木属 *Xylosma*	刺篱木科 Flacourtiaceae
	响叶杨	1	*Populus adenopoda* Maxim.	杨属 *Populus*	杨柳科 Salicaceae
	旱柳	1	*Salix matsudana* Koidz.	柳属 *Salix*	杨柳科 Salicaceae
	石榴	1	*Punica granatum* Linn.	石榴属 *Punica*	石榴科 Punicaceae
	光皮梾木	1	*Cornus wilsoniana* Wangerin	山茱萸属 *Cornus*	山茱萸科 Cornaceae
	白杜	1	*Euonymus maackii* Rupr.	卫矛属 *Euonymus*	卫矛科 Celastraceae
	匙叶黄杨	1	*Buxus harlandii* Hanelt	黄杨属 *Buxus*	黄杨科 Buxaceae

续 表

种质资源类型	种（品种）中文名	份数	种（品种）拉丁学名	属名	科名
个体	枣	1	*Ziziphus jujuba* Mill.	枣属 *Ziziphus*	鼠李科 Rhamnaceae
	黄连木	1	*Pistacia chinensis* Bunge	黄连木属 *Pistacia*	漆树科 Anacardiaceae
	臭椿	1	*Ailanthus altissima* Swingle	臭椿属 *Ailanthus*	苦木科 Simaroubaceae
	花椒	1	*Zanthoxylum bungeanum* Maxim.	花椒属 *Zanthoxylum*	芸香科 Rutaceae
	油橄榄	1	*Olea europaea* Linn.	木犀榄属 *Olea*	木犀科 Oleaceae
	金桂	1	*Osmanthus fragrans*（Thunbergii Group）	木犀属 *Osmanthus*	木犀科 Oleaceae
	紫丁香	1	*Syringa oblata* Lindl.	丁香属 *Syringa*	木犀科 Oleaceae
	楸树	1	*Catalpa bungei* C. A. Mey.	梓树属 *Catalpa*	紫葳科 Bignoniaceae
	金银忍冬	1	*Lonicera maackii*（Rupr.）Maxim.	忍冬属 *Lonicera*	忍冬科 Caprifoliaceae
	接骨木	1	*Sambucus williamsii* Hance	接骨木属 *Sambucus*	五福花科 Adoxaceae
优树	圆柏	2	*Juniperus chinensis*（Linn.）Ant.	圆柏属 *Juniperus*	柏科 Cupressaceae
	荷花玉兰（广玉兰）	2	*Magnolia grandiflora* Linn.	木兰属 *Magnolia*	木兰科 Magnoliaceae
	榆树	2	*Ulmus pumila* Linn.	朴属 *Celtis*	榆科 Ulmaceae
	银杏	1	*Ginkgo biloba* Linn.	银杏属 *Ginkgo*	银杏科 Ginkgoaceae

续 表

种质资源类型	种（品种）中文名	份数	种（品种）拉丁学名	属名	科名
优树	水杉	1	*Metasequoia glyptostroboides* Hu et Cheng	水杉属 *Metasequoia*	杉科 Taxodiaceae
	侧柏	1	*Platycladus orientalis* (Linn.) Franco	侧柏属 *Platycladus*	柏科 Cupressaceae
	香樟	1	*Cinnamomum camphora* (Linn.) Presl.	樟属 *Cinnamomum*	樟科 Lauraceae
	杜仲	1	*Eucommia ulmoides* Oliv.	杜仲属 *Eucommia*	杜仲科 Eucommiaceae
	大叶榉树	1	*Zelkova schneideriana* Hand. -Mazz.	榉属 *Zelkova*	榆科 Ulmaceae
	重阳木	1	*Bischofia polycarpa* (Lévl.) Airy Shaw	秋枫属 *Bischofia*	大戟科 Euphorbiaceae
	黄金树	1	*Catalpa speciosa* (Barney) Engelm	梓树属 *Catalpa*	紫葳科 Bignoniaceae

表 4-6　南通市栽培利用林木种质资源（个体与优树）基本特征

种质资源类型	种（品种）名	序号	胸径 (cm)	枝下高 (m)	树高 (m)	平均冠幅 (m)	性别
个体	皂荚	1	36.4	3.8	10.8	14.5	雌雄同株
	枇杷	2	43.6 *	0.3	5.8	13.5	雌雄同株
	香樟	3	51.9	4.0	9.2	12.5	雌雄同株
	黄连木	4	37.1	3.2	9.0	10.5	雄株
	南酸枣	5	35.0	2.5	11.0	11.5	杂性异株
	旱柳	6	20.2	1.5	6.0	5.5	雄株
	南酸枣	7	38.2	10.0	13.5	5.0	杂性异株
	香樟	8	40.4	4.0	20.0	15.5	雌雄同株

续　表

种质资源类型	种（品种）名	序号	胸径（cm）	枝下高（m）	树高（m）	平均冠幅（m）	性别
个体	朴树	9	37. 4	4. 2	16. 0	15. 5	雌雄同株
	柞木	10	23. 9	1. 1	5. 3	4. 5	雄株
	香椿	11	26. 4	2. 1	8. 1	6. 0	雌雄同株
	重阳木	12	41. 4	2. 5	9. 5	6. 9	雌雄同株
	山核桃	13	31. 5	3. 3	10. 5	8. 0	雌雄同株
	光皮树（光皮梾木）	14	26. 8	3. 1	9. 5	6. 0	雌雄同株
	日本柳杉	15	21. 7	2. 5	9. 0	5. 5	雌雄同株
	皂荚	16	34. 7	3. 0	9. 0	6. 5	雌雄同株
	皂荚	17	23. 9	1. 9	8. 5	6. 0	雌雄同株
	皂荚	18	20. 7	2. 1	7. 8	6. 0	雌雄同株
	榔榆	19	36. 6	1. 5	6. 5	5. 5	雌雄同株
	雪柳	20	14. 6	0. 3	5. 5	3. 5	雌雄同株
	雀舌黄杨	21	14. 3 *	—	0. 7	0. 8	雌雄同株
	黄杨	22	14. 0	0. 3	1. 5	4. 0	雌雄同株
	冬青卫矛	23	11. 5	1. 4	3. 4	1. 3	雌雄同株
	冬青卫矛	24	12. 7	1. 5	3. 5	2. 8	雌雄同株
	冬青卫矛	25	10. 5	0. 2	3. 5	1. 5	雌雄同株
	龙爪槐	26	20. 7	2. 7	3. 5	2. 0	雌雄同株
	龙爪槐	27	23. 8	2. 5	3. 3	1. 5	雌雄同株
	柿	28	23	0. 3	6	8. 5	雌雄同株
	榔榆	29	39. 3	4. 5	15. 0	9. 5	雌雄同株
	雪柳	30	16. 7	4. 0	—	5. 5	雌雄同株
	榔榆	31	38. 4	3. 1	15. 0	8. 5	雌雄同株
	苏铁	32	32. 3	1. 0	1. 8	2. 5	雄株

续 表

种质资源类型	种（品种）名	序号	胸径（cm）	枝下高（m）	树高（m）	平均冠幅（m）	性别
个体	朴树	33	29. 5	2. 2	10. 0	10. 0	雌雄同株
	朴树	34	50. 6	2. 5	13. 0	10. 0	雌雄同株
	黄檀	35	26. 5	2. 6	13. 0	9. 5	雌雄同株
	紫弹树	36	57. 5	1. 4	10. 5	11. 0	雌雄同株
	朴树	37	33. 2	3. 5	10. 0	10. 0	雌雄同株
	苦楝	38	16. 8	3. 2	4. 2	7. 0	雌雄同株
	响叶杨	39	52. 6	3. 3	11. 2	8. 5	雄株
	苦楝	40	35. 2	3. 8	10. 0	6. 5	雌雄同株
	银杏	41	80. 5	1. 4	13. 0	9. 0	雌株
	香椿	42	35. 8	3. 2	12. 0	5. 0	雌雄同株
	毛泡桐	43	50. 7	4. 8	10. 0	6. 5	雌雄同株
	梧桐	44	35. 3	3. 4	8. 5	7. 0	雌雄同株
	柏木	45	30. 4	1. 7	8. 5	9. 5	雌雄同株
	柏木	46	24. 2	1. 5	7. 0	7. 5	雌雄同株
	柏木	47	27. 9	0. 8	7. 5	7. 5	雌雄同株
	柿	48	28. 3	0. 5	6. 5	8. 5	雌雄同株
	雪松	49	40. 9	3. 4	11. 2	9. 5	雌雄同株
	雪松	50	39. 8	3. 3	11. 0	9. 5	雌雄同株
	接骨木	51	6. 5 *	1. 2	3. 5	3. 0	雌雄同株
	苦楝	52	45. 7	2. 4	9. 5	6. 5	雌雄同株
	苦楝	53	40. 0	1. 8	7. 5	4. 5	雌雄同株
	水杉	54	47. 0	3	14. 0	7. 0	雌雄同株
	柿	55	14. 8 *	0. 5	4. 0	3. 5	雌雄同株
	柿	56	17. 7 *	0. 5	3. 5	2. 8	雌雄同株

续　表

种质资源类型	种（品种）名	序号	胸径（cm）	枝下高（m）	树高（m）	平均冠幅（m）	性别
个体	朴树	57	41. 4	2. 2	14. 0	11. 0	雌雄同株
	朴树	58	46. 8	2. 5	14. 5	11. 5	雌雄同株
	朴树	59	50. 9	1. 7	12. 0	9. 0	雌雄同株
	金桂	60	36. 5 *	0. 3	4. 5	7. 0	雌雄同株
	毛泡桐	61	55. 5	5. 6	11. 0	10. 0	雌雄同株
	紫弹树	62	29. 0	2. 2	8. 5	9. 5	雌雄同株
	紫弹树	63	24. 6	2. 0	8. 0	9. 0	雌雄同株
	柿	64	28. 1 *	0. 3	4. 0	6. 5	雌雄同株
	银杏	65	30. 2	2. 2	11. 0	8. 5	雌雄同株
	朴树	66	58. 5	3. 5	10. 5	12. 0	雌雄同株
	银杏	67	58. 3	2. 6	12. 0	7. 5	雄株
	银杏	68	38. 3	2. 6	11. 0	6. 5	雌株
	雪松	69	48. 3	2. 5	12. 0	9. 5	雌雄同株
	雪松	70	42. 9	3. 2	12. 0	—	雌雄同株
	银杏	71	44. 9	2. 7	14. 0	7. 5	雄株
	银杏	72	48. 1	4	14. 0	8. 5	雄株
	国槐	73	40. 0	5. 6	12. 0	5. 5	雌雄同株
	银杏	74	48. 0	5. 5	12. 0	5. 5	雌株
	广玉兰	75	48. 1	2. 4	10. 0	10. 5	雌雄同株
	苦楝	76	40. 2	2. 3	6. 0	5. 5	雌雄同株
	水杉	77	42. 1	6. 2	14. 0	6. 0	雌雄同株
	苦楝	78	37. 5	1. 9	12. 0	8. 5	雌雄同株
	银杏	79	41. 4	3. 4	10. 0	6. 5	雄株
	银杏	80	43. 4	3. 3	9. 5	7. 0	雌株

续 表

种质资源类型	种（品种）名	序号	胸径（cm）	枝下高（m）	树高（m）	平均冠幅（m）	性别
个体	国槐	81	33.2	2.3	12.0	5.5	雌雄同株
	梧桐	82	32.8	5.5	12.0	6.5	雌雄同株
	银杏	83	46.2	3.2	14.0	6.0	雄株
	榔榆	84	44.9	3.5	14.0	12.5	雌雄同株
	罗汉松	85	21.7	1	3.8	4.5	雄株
	罗汉松	86	20.7	0.8	3.7	—	雄株
	榆树	87	41.4	1.7	9.0	6.5	雄株
	白杜	88	15.0	1.5	7.0	5.0	雌雄同株
	杜仲	89	20.7	1.7	6.5	4.5	雌株
	银杏	90	64.3	2	12.0	9.0	雄株
	广玉兰	91	29.3	1.3	7.5	6.0	雌雄同株
	香椿	92	43.3	2.4	12.0	7.0	雌雄同株
	香椿	93	41.4	2.3	11.0	6.5	雌雄同株
	香椿	94	39.8	2	10.0	6.0	雌雄同株
	香椿	95	38.2	2.1	10.0	6.0	雌雄同株
	香椿	96	36.6	1.8	9.0	5.5	雌雄同株
	银杏	97	39.2	2.3	8.0	5.0	雄株
	广玉兰	98	42.7	1.3	12.0	10.0	雌雄同株
	银杏	99	61.1	2.5	15.0	8.5	雌株
	黄杨	100	21.0	0.3	2.5	5.5	雌雄同株
	榆树	101	40.0	2.0	7.0	5.5	雌雄同株
	榆树	102	56.7	3.5	15.0	9.0	雌雄同株
	榆树	103	49.4	2.2	15.0	5.5	雌雄同株
	银杏	104	48.1	3.4	16.0	9.0	雄株

续　表

种质资源类型	种（品种）名	序号	胸径（cm）	枝下高（m）	树高（m）	平均冠幅（m）	性别
个体	银杏	105	42.2	3.2	16.0	5.5	雌株
	银杏	106	41.9	3.1	16.0	6.5	雌株
	构树	107	62.4	2.5	7.0	3.5	雄株
	香椿	108	43.0	2.1	12.0	7.5	雌雄同株
	桑	109	24.0	2.1	8.0	7.5	雄株
	苦楝	110	20.0	1.5	7.0	6.5	雌雄同株
	紫薇	111	12.1	—	—	—	雌雄同株
	紫薇	112	9.9	—	—	—	雌雄同株
	黑松	113	30.0	—	—	—	雌雄同株
	榕树	114	150.0	—	—	—	雌雄同株
	天竺桂	115	55.0	—	—	—	雌雄同株
	油橄榄	116	35.0	—	—	—	雌雄同株
	月桂	117	11.1	1.8	7.8	4.5	雌雄同株
	大叶榉树	118	43.6	5.6	18	12.5	雌雄同株
	国槐	119	26.8	3	13	8.0	雌雄同株
	榔榆	120	31.8	0.5	3.3	5.5	雌雄同株
	榔榆	121	28.3	5.3	16	9.5	雌雄同株
	香椿	122	36.1	8.6	20	9.5	雌雄同株
	黄金树	123	28	4.5	20	9.0	雌雄同株
	黄金树	124	28.5	4.6	20	10.0	雌雄同株
	黄杨	125	8.0*	0.3	1.4	2.5	雌雄同株
	梧桐	126	27.1	3.9	12	6.5	雌雄同株
	二乔玉兰	127	23.1	1.7	5.2	5.5	雌雄同株
	桂花	128	21.3*	0.3	2.5	5.5	雌雄同株

续 表

种质资源类型	种（品种）名	序号	胸径（cm）	枝下高（m）	树高（m）	平均冠幅（m）	性别
个体	皂荚	129	27.4	2.2	8.9	7.5	雌雄同株
	石榴	130	5.2	0.2	2.0	1.4	雌雄同株
	苏铁	131	25.0*	0.9	1.5	1.0	雄株
	苏铁	132	28.7*	0.9	1.5	1.0	雌株
	榔榆	133	29.9	1.9	7.0	5.0	雌雄同株
	榔榆	134	27.7	1.8	8.5	5.5	雌雄同株
	榔榆	135	22.9	3.0	7.0	5.0	雌雄同株
	刺槐	136	41.6	2.3	10.0	7.5	雌雄同株
	杜仲	137	16.6	1.6	7.5	5.5	雄株
	杜仲	138	24.5	2.3	9.0	4.5	雄株
	杜仲	139	30.9	3.6	8.5	4.5	雌株
	柿树	140	26.9	0.6	5.5	7.5	雌雄同株
	银杏	141	34.5	3.0	13.5	6.0	雌株
	紫薇	142	7.2	0.1	3.0	2.7	雌雄同株
	金银木	143	34.3*	0.2	4.5	6.0	雌雄同株
	杉木	144	24.0	1.6	10.0	3.5	雌雄同株
	杉木	145	24.0	1.6	10.0	3.5	雌雄同株
	大叶榉树	146	33.8	2.5	11.5	6.5	雌雄同株
	皂荚	147	35.2	2.6	4.0	7.0	雌雄同株
	雪柳	148	20.0	0.5	2.0	1.5	雌雄同株
	雪松	149	39.8	1.7	11.5	7.5	雌雄同株
	苦楝	150	48.2	3.2	11.0	4.5	雌雄同株
	杜仲	151	34.3	1.3	8.0	4.5	雄株
	侧柏	152	29.6	0.8	7.0	4.5	雌雄同株

续　表

种质资源类型	种（品种）名	序号	胸径（cm）	枝下高（m）	树高（m）	平均冠幅（m）	性别
个体	紫薇	153	20.1	1.6	3.8	3.5	雌雄同株
	蜡梅	154	22.9 *	0.3	2.8	4.5	雌雄同株
	榔榆	155	33.0	4.5	8.0	5.5	雌雄同株
	银杏	156	65.0 *	0.2	12.0	7.5	雄株
	桑	157	39.0	3.7	8.0	9.0	雌株
	柿树	158	26.9	2.2	6.5	5.5	雌雄同株
	大叶榉树	159	42.2	3.6	12.0	10.0	雌雄同株
	大叶榉树	160	37.4	2.9	11.0	6.5	雌雄同株
	大叶榉树	161	40.6	3.5	10.0	11.0	雌雄同株
	大叶榉树	162	43.4	3.4	10.5	10.5	雌雄同株
	银杏	163	62.2	3.5	13.0	6.5	雌株
	桂花	164	54.7 *	0.5	4.0	6.0	雌雄同株
	榔榆	165	46.5	2.2	12.0	9.0	雌雄同株
	榔榆	166	31.2	2.3	10.0	8.5	雌雄同株
	大叶榉树	167	33.5	2.6	9.0	7.5	雌雄同株
	大叶榉树	168	41.2	3.5	10.0	7.5	雌雄同株
	大叶榉树	169	41.4	3.0	8.5	6.5	雌雄同株
	榔榆	170	32.5	1.8	11.5	12.5	雌雄同株
	黄檀	171	34.1	3.6	10.0	7.5	雌雄同株
	大叶榉树	172	26.0	3.0	11.0	7.5	雌雄同株
	香樟	173	41.2	2.2	5.0	1.5	雌雄同株
	大叶榉树	174	30.1	2.3	10.5	6.5	雌雄同株
	香樟	175	54.5	2.1	10.0	9.5	雌雄同株
	香樟	176	57.6	0.3	10.0	8.5	雌雄同株

续 表

种质资源类型	种（品种）名	序号	胸径(cm)	枝下高(m)	树高(m)	平均冠幅(m)	性别
个体	桑	177	40.3	2.5	10.0	7.5	雌株
	加杨	178	88.2	5.0	12.0	6.5	雄株
	榔榆	179	31.7	2.2	11.0	6.5	雌雄同株
	桂花	180	33.4*	0.3	5.0	5.0	雌雄同株
	桂花	181	34.1*	0.3	5.0	5.0	雌雄同株
	枇杷	182	50.5	—	6.0	5.5	雌雄同株
	桂花	183	46.8*	—	6.0	5.0	雌雄同株
	大叶榉树	184	37.1	2.3	11.0	10.5	雌雄同株
	大叶榉树	185	40.2	3.3	11.0	11.0	雌雄同株
	大叶榉树	186	33.2	2.0	10.0	10.5	雌雄同株
	女贞	187	33.9	—	5.8	5.0	雌雄同株
	大叶榉树	188	32.8	2.2	10.5	6.5	雌雄同株
	黄檀	189	35.2	1.7	11.0	6.5	雌雄同株
	黄檀	190	24.8	3.4	10.0	5.5	雌雄同株
	女贞	191	50.5	1.4	5.4	5.5	雌雄同株
	大叶榉树	192	34.0	2.1	12.0	10.5	雌雄同株
	银杏	193	35.9	3.4	10.5	5.5	雌株
	银杏	194	39.0	2.5	12.0	5.5	雄株
	桂花	195	34.2*	—	6.2	5.5	雌雄同株
	柿树	196	18.0	3.4	13.0	5.0	雌雄同株
	枣树	197	15.0	1.5	3.8	4.5	雌雄同株
	雪松	198	31.4	2.3	5.8	7.5	雌雄同株
	桂花	199	18.0	—	6.0	5.5	雌雄同株
	香樟	200	61.3	4.5	13.0	12.5	雌雄同株

续 表

种质资源类型	种（品种）名	序号	胸径（cm）	枝下高（m）	树高（m）	平均冠幅（m）	性别
个体	香樟	201	58.0	2.8	7.5	5.5	雌雄同株
	大叶榉树	202	40.0	2.2	12.0	10.5	雌雄同株
	朴树	203	38.4	2.3	10.5	7.5	雌雄同株
	朴树	204	30.1	1.6	9.8	5.5	雌雄同株
	银杏	205	35.7	1.0	5.8	5.5	雌株
	榔榆	206	37.0	2.1	10.0	7.5	雌雄同株
	银杏	207	39.4	1.8	11.0	6.5	雌株
	臭椿	208	43.5	5.0	12.0	7.5	雌株
	香樟	209	55.8	1.7	9.0	5.5	雌雄同株
	桂花	210	54.5 *	5.4	6.0	4.5	雌雄同株
	银杏	211	34.0	4.8	11.0	3.5	雌株
	雪松	212	47.7	5.8	12.0	7.5	雌雄同株
	加杨	213	89.2	5.0	12.0	6.5	雄株
	圆柏	214	27.7	4.0	12.0	3.5	雄株
	大叶榉树	215	37.3	6.3	14.0	8.5	雌雄同株
	大叶榉树	216	29.9	4.2	13.5	5.5	雌雄同株
	大叶榉树	217	37.6	5.0	13.0	7.5	雌雄同株
	圆柏	218	20.7	5.1	6.0	0.3	雄株
	圆柏	219	22.3	5.3	16.0	2.5	雌株
	圆柏	220	17.7	3.4	13.2	3.5	雄株
	紫薇	221	22.0	1.0	3.2	2.0	雌雄同株
	圆柏	222	23.6	2.2	7.0	3.0	雄株
	石楠	223	19.6	2.0	7.0	6.5	雌雄同株
	石楠	224	21.4	2.1	5.0	5.5	雌雄同株

续 表

种质资源类型	种（品种）名	序号	胸径（cm）	枝下高（m）	树高（m）	平均冠幅（m）	性别
个体	黑松	225	30.0	3.0	14.5	6.0	雌雄同株
	侧柏	226	32.3	2.0	13.0	2.5	雌雄同株
	重阳木	227	36.3	4.0	15.0	9.0	雌株
	枇杷	228	30.0	1.5	7.5	3.5	雌雄同株
	枇杷	229	32.0	1.6	8.0	5.5	雌雄同株
	紫薇	230	9.7	0.5	4.0	0.5	雌雄同株
	刺槐	231	38.3	5.1	13.0	7.5	雌雄同株
	大叶榉树	232	39.5	1.8	10.0	8.5	雌雄同株
	罗汉松	233	28.1	0.8	5.0	4.5	雌株
	银杏	234	35.8	3.0	16.0	5.5	雄株
	紫薇	235	35.7	2.7	7.5	3.5	雌雄同株
	楸树	236	26.4	2.8	15.0	5.5	雌雄同株
	杜仲	237	18.2	2.1	15.0	4.0	雄株
	杜仲	238	26.0	2.1	11.0	5.5	雄株
	花椒	239	24.2	0.5	3.4	3.5	雌雄同株
	银杏	240	37.1	3.0	12.0	2.5	雄株
	银杏	241	43.3	2.6	16.0	6.5	雄株
	柽柳	242	32.5	1.5	6.0	3.5	雌雄同株
	柽柳	243	20.4	1.6	6.2	4.5	雌雄同株
	紫丁香	244	21.7	1.7	5.5	7.5	雌雄同株
	日本柳杉	245	24.0	3.5	16.0	7.0	雌雄同株
	女贞	246	47.1	2.0	10.0	5.5	雌雄同株
	桂花	247	34.6	0.7	7.0	5.5	雌雄同株
	黑松	248	28.7	2.5	13.0	4.5	雌雄同株

续　表

种质资源类型	种（品种）名	序号	胸径（cm）	枝下高（m）	树高（m）	平均冠幅（m）	性别
个体	板栗	249	16.7	2.8	11.0	5.5	雌雄同株
	罗汉松	250	14.6	1.6	14.6	2.0	雄株
	银杏	251	35.2	3.1	12.0	3.5	雌株
	银杏	252	20.1	3.1	11.0	4.0	雌株
	银杏	253	20.4	2.7	10.5	3.5	雌株
	银杏	254	38.9	3.1	12.0	4.5	雌株
	银杏	255	32.8	2.7	12.0	5.5	雌株
	黄杨	256	11.8	1.2	6.8	8.0	雌雄同株
优树	榆树	1	50.0	2.6	12.0	6.5	雌雄同株
	榆树	2	44.0	2.1	12.0	9.0	雌雄同株
	广玉兰	3	41.0	3.3	7.5	8.5	雌雄同株
	广玉兰	3	36.0	2.2	7.0	7.0	雌雄同株
	广玉兰	4	55.7	1.2	9.2	7.5	雌雄同株
	银杏	5	66.0	1.6	17.5	11.0	雄株
	大叶榉树	6	44.7	3.0	12.0	9.5	雌雄同株
	水杉	7	28.4	1.5	9.5	6.0	雌雄同株
	香樟	8	89.2	4.5	18.0	14.5	雌雄同株
	圆柏	9	46.0	3.0	7.5	3.0	雄株
	侧柏	10	55.0	2.6	10.0	4.5	雌雄同株
	圆柏	11	37.7	1.8	8.0	3.8	雌株
	黄金树	12	54.5	5.4	15.0	8.0	雌雄同株
	重阳木	13	41.2	3.6	15.5	7.5	雄株
	杜仲	14	22.5	3.2	9.0	3.5	雄株

注：* 部分树种由于枝下高过低等原因无法测量其胸径，以基径代替胸径。

三、栽培优树

根据调查，南通市共有 14 份栽培优树。这些林木种质资源涉及树种 11 种，隶属于 10 科 11 属。具体的种质资源情况如表 4-5、表 4-6 所示。

其中，除圆柏、广玉兰（图 4-27）和榆树（图 4-28）各有 2 份外，其余种类如银杏、水杉、侧柏、香樟等均只有 1 份。此外，除位于军山的重阳木（序号 12，图 4-29）的生境恶劣、长势一般以外，其余优树的植株均长势良好。

图 4-27　广玉兰
（优树 启东吕四镇老街行道树）

图 4－28　榆树（优树 启东东海镇）

图 4－29　重阳木（优树 栽培种质 崇川军山）

四、栽培品种

根据野外调查和统计分析，南通市的栽培林木种质资源中共有 54 个品种，包括无性系 41 份、选育品种 11 份、地方品种 2 份。这些品种涉及的树种共有 36 种，隶属于 21 科 31 属。其中，裸子植物共有 5 科 6 属 6 种；被子植物共有 16 科 25 属 30 种。可见在这 54 个品种中，以无性系类型最多。一般而言，林木通过无性系繁殖，可以节省成本，缩短时间，提高林木管理效率。但是，长期无性系育种也会导致林木品种退化（康向阳，2019）。

具体的种质资源情况如表 4－7 所示。

表 4－7　南通市栽培利用林木种质资源（品种）统计

种	品种	品种学名	品种类别	来源
银杏	* 佛指银杏	*Ginkgo biloba* 'Fozhi'	无性系	绿化
落羽杉	* 中山杉	*Taxodium* 'Zhongshanshan'	无性系	常见
柏木	* 蓝冰柏	*Cupressus arizonica* var. *glabra* 'Blue Ice'	无性系	海门市正余镇三合村
圆柏	* 龙柏	*Juniperus chinensis* 'Kaizuca'	无性系	绿化
罗汉松	* 雀舌罗汉松	*Podocarpus macrophyllus* 'Queshe'	地方品种	观赏
* 榧	* 香榧	*Torreya grandis* 'Merrillii'	无性系	观赏
* 玉兰	* 飞黄玉兰	*Magnolia denudata* 'Fei Wang'	无性系	海安市思源居
* 二乔玉兰	* 长春二乔玉兰	*Magnolia* × *soulangeana* 'Spemperiflora'	无性系	如东人民公园
* 木槿	* 红心木槿	*Hibiscus syriacus* 'Red Heart'	无性系	绿化
* 绣球	* 金边绣球	*Hydrangea macrophylla* 'Aureo-marginatus'	无性系	绿化
* 桃	* 紫叶桃	*Amygdalus persica* 'Atropurpurea'	无性系	绿化三厂街道
* 桃	* 蟠桃	*Amygdalus persica* 'Compressa'	选育品种	孝汉村

续　表

种	品种	品种学名	品种类别	来源
*桃	*碧桃	*Amygdalus persica* ‘Duplex’	无性系	绿化
*桃	*锦绣黄桃	*Amygdalus persica* ‘Jin Xiu’	选育品种	如皋下原镇陈桥村润溪苗木生态园等
*桃	*紫桃	*Amygdalus persica* ‘Purple’	选育品种	食用
*桃	*水蜜桃	*Amygdalus persica* ‘Yu Lu’	选育品种	三厂街道孝汉村
枇杷	*白玉枇杷	*Eriobotrya japonica* ‘Baiyu’	选育品种	启东北新镇介英村枇杷园艺场
枇杷	*大红袍枇杷	*Eriobotrya japonica* ‘Dahongpao’	选育品种	启东北新镇介英村枇杷园艺场
*垂丝海棠	*北美海棠	*Malus micromalus* ‘American’	无性系	观赏
*红叶石楠	*红宾罗	*Photinia* × *fraseri* ‘Red Robin’	无性系	常见
*梨	*爱甘梨	*Pyrus* × *michauxii* ‘Ai Gan’	选育品种	海安大公镇于坝村万亩梨园
*梨	*丰水梨	*Pyrus* × *michauxii* ‘Feng Shui’	选育品种	海安大公镇于坝村万亩梨园
*梨	*黄花梨	*Pyrus* × *michauxii* ‘Huang Hua’	选育品种	海安大公镇于坝村万亩梨园
*梨	*黄金梨	*Pyrus* × *michauxii* ‘Huang Jin’	选育品种	海安大公镇于坝村万亩梨园
*梨	*新高梨	*Pyrus* × *michauxii* ‘Xin Gao’	选育品种	海安大公镇于坝村万亩梨园
*国槐	*金枝国槐	*Sophora japonica* ‘Golden Stem’	无性系	海安市思源居
*国槐	*龙爪槐	*Sophora japonica* ‘Pendula’	无性系	绿化
*胡颓子	*花叶胡颓子	*Elaeagnus pungens* ‘Variegata’	无性系	观赏
*紫薇	*银薇	*Lagerstroemia indica* ‘Alba’	无性系	观赏
*紫薇	*翠微	*Lagerstroemia indica* ‘Amabilis’	无性系	观赏

续 表

种	品种	品种学名	品种类别	来源
*紫薇	*赤薇	*Lagerstroemia indica* 'Rubra'	无性系	观赏
*冬青卫矛	*金边冬青卫矛	*Euonymus japonicus* 'Aureo-marginatus'	无性系	常见
冬青	*金边圣诞冬青	*Ilex aquifolium* 'Aureomarginata'	无性系	绿化
*枸骨冬青	*花叶枸骨冬青	*Ilex cornuta* 'Aureomarginata'	无性系	常见
*枸骨冬青	*无刺枸骨	*Ilex cornuta* 'Fortunei'	无性系	常见
*鸡爪槭	*红枫	*Acer palmatum* 'Atropurpureum'	无性系	观赏
*鸡爪槭	*羽毛槭	*Acer palmatum* 'Dissectum'	无性系	观赏
*柿树	*南通小方柿	*Diospyros kaki* 'Nantongxiaofangshi'	地方品种	海安大公镇于坝村、大豫镇丁家店村
*夹竹桃	*白花夹竹桃	*Nerium oleander* 'Paihua'	无性系	绿化
*夹竹桃	*重瓣夹竹桃	*Nerium oleander* 'Plenum'	无性系	绿化
*络石	*花叶络石	*Trachelospermum jasminoides* 'Variegatum'	无性系	常见
*蔓长春花	*花叶蔓长春花	*Vinca major* 'Variegata'	无性系	绿化
女贞	*金森女贞	*Ligustrum japonicum* 'Howardii'	无性系	观赏
*卵叶女贞（花叶女贞）	*金边女贞	*Ligustrum ovalifolium* 'Aureum'	无性系	绿化
*小叶女贞	*花叶小叶女贞	*Ligustrum quihoui* 'Variegatum'	无性系	观赏
*小蜡	*花叶小蜡树	*Ligustrum sinense* 'Variegatum'	无性系	观赏
*桂花	*丹桂	*Osmanthus fragrans* (Aurantiacus Group)	无性系	观赏
*桂花	*银桂	*Osmanthus fragrans* (Latifolias Group)	无性系	观赏

续 表

种	品种	品种学名	品种类别	来源
*桂花	*金桂	*Osmanthus fragrans* (Thunbergii Group)	无性系	观赏
*栀子花	*雀舌栀子	*Gardenia jasminoides* 'Radicans'	无性系	观赏
*锦带花	*红王子锦带花	*Weigela florida* 'Red Prince'	无性系	绿化
*孝顺竹	*黄金间碧竹	*Bambusa vulgaris* 'Vittata'	无性系	观赏
*早园竹	*湘妃竹	*Phyllostachys reticulata* 'Lacrima-deae'	无性系	观赏
*苦竹	*菲白竹	*Pleioblastus fortunei* 'Variegatus'	无性系	观赏

*表示栽培。

根据表 4－7，南通市境内栽培的这 54 个品种，大多属于该区的常见或绿化品种，如红心木槿（*Hibiscus syriacus* 'Red Heart'，图 4－30）、龙柏（*Juniperus chinensis* 'Kaizuca'，图 4－31）、龙爪槐（*Sophora japonica* 'Pendula'，图 4－32）等。在这些品种中，佛指银杏（*Ginkgo biloba* 'Fozhi'）为当地引进的重要果树品种；爱甘梨（*Pyrus* × *michauxii* 'Ai Gan'，图 4－33）、丰水梨（*Pyrus* × *michauxii* 'Feng Shui'，图 4－34）、黄花梨（*Pyrus* × *michauxii* 'Huang Hua'）、黄金梨（*Pyrus* × *michauxii* 'Huang Jin'）、新高梨（*Pyrus* × *michauxii* 'Xin Gao'）、白玉枇杷（*Eriobotrya japonica* 'Baiyu'，图 4－35）、大红袍枇杷（*Eriobotrya japonica* 'Dahongpao'，图 4－36）、紫桃（*Amygdalus persica* 'Purple'）、蟠桃（*Amygdalus persica* 'Compressa'）、锦绣黄桃（*Amygdalus persica* 'Jin

图 4－30 红心木槿（无性系）

Xiu'）和水蜜桃（*Amygdalus persica*'Yu Lu'）为当地引种栽培利用的选育品种；南通小方柿（*Diospyros kaki*'Nantongxiaofangshi'，图 4－37）和雀舌罗汉松（*Podocarpus macrophyllus*'Queshe'，图 4－38）为当地栽培利用的地方品种。从这些品种的类别看，除爱甘梨、丰水梨、黄花梨、黄金梨、新高梨、白玉枇杷、大红袍枇杷、紫桃、蟠桃、锦绣黄桃和水蜜桃 11 个品种为选育品种，南通小方柿和雀舌罗汉松 2 个品种为地方品种外，其余 41 个品种均为无性系（附录Ⅰ）。

图 4－31　龙柏（无性系）

图 4－32　龙爪槐（无性系）

图 4－33　爱甘梨（选育品种）

图 4－34　丰水梨（选育品种）

图 4－35　白玉枇杷（选育品种）

图 4-36 大红袍枇杷（选育品种）

图 4－37　南通小方柿（地方品种）

图 4－38　雀舌罗汉松（地方品种）

此外，从所涉及的这 36 种植物种类看，桃有 6 个品种，梨有 5 个品种，桂花和紫薇各有 3 个品种，枸骨冬青、枇杷、国槐、鸡爪槭与夹竹桃各有 2 个品种，其余 27 种植物均只有 1 个品种。

第四节　古树名木

古树指在人类历史过程中保存下来的年代久远或具有重要科研、历史、文化价值，树龄在 100 年以上的树木；名木指在历史上或社会上有重大影响的中外历代名人所植或者具有极其重要的历史、文化价值、纪念意义的树木。由于针对树种的实际树龄测定存在一定的困难，而不同树种的生长速度也存在差异，因此在实际清查过程中，对南通市境内树龄大于 80 年的树木也予以调查。另外，本次古树名木清查工作不包括仅能在室内或人工设施条件下栽培的南方观赏植物等林木种质资源；栽培时间在 5 年以下的古树，只作为来源不明的林木种质资源。

一、古树名木种质资源

在南通市7个区（县）的古树名木种质资源调查中，共发现古树名木683份，它们均为单株。该区的7个调查单元中，均未见名木；这683份古树名木均为古树资源。根据这些古树的年龄，南通市的古树可以分为三类。其中，一级古树有48株，占该区古树名木总数的7.03%；二级古树有83株，该区古树名木总数的12.15%；三级古树有552株，占该区古树名木总数的80.82%。可见，南通市的古树名木以三级古树为主。不论是一级古树，还是二级古树，该区均以古银杏的株数最多，分别为39株和60株。在一级古树中，除银杏外，数量依次为刺柏（*Juniperus formosana*）、罗汉松和圆柏，而其余种类的株数较少。在二级古树中，除银杏外，数量依次为罗汉松、日本五针松（*Pinus parviflora*）和黄杨，而其余种类的株数较少。

二、古树名木保护

调查过程中发现，调查区域内每个区（县）对古树名木资源的保护均较为重视。绝大多数古树均有挂牌和专人看护。在这些古树资源中，大多数古树长势旺盛，仅有少数古树生长欠佳。这些古树名木对构建城市森林、乡村绿化和美化均具有重要的生态价值（Lutz et al.，2018；王嘉楠等，2018）。

根据本次调查，南通市的这683份古树名木共涉及69种，隶属于52属，38科。其中，银杏（图4-39）所占数量最多，共计有328份。其次为大叶榉树（图4-40），有45份。再次为朴树，有41份。南通市2016年的古树名木调查资料显示，共计586份，隶属于60种。与之相比，此次调查新增古树名木97份，同时新增树种9种，分别是冬青卫矛、枇杷、臭椿、红花檵木（*Loropetalum chinense* var. *rubrum*）、贵州石楠（*Photinia bodinieri*）、枸杞、紫弹树、月桂和枸骨冬青。

图 4－39　银杏（古树名木 海安曲塘镇银树村 4 组）

图 4-40　大叶榉树（古树名木 博物苑）

在野外调查过程中，还发现当地的部分古树名木的植物种类，或被村民误认为是别的树种，或者存在挂牌错误。前者如位于通州区东社镇东平村12组季玉江家的1株朴树（图4－41），被误认为是大叶榉树；位于通州区东社镇东平村17组曹广宅旁的朴树，被误认为是香樟；位于海门市包场镇凤飞村施林飞西山的1株朴树，被村民误认为榆树；位于海门市余东镇木桩港3组梁树先宅旁的两株香樟，被村民误认为榆树。后者如位于海安市江淮文化园内的1株黄连木，被错误标记挂牌为“漆树”（*Toxicodendron vernicifluum*）；位于海安市中洋集团中润公司内的冬青卫矛（古树名木编号61028），被错误挂牌为“黄杨”（图4－42）；位于启东市海富镇东南中学原女生宿舍的1株朴树（原挂牌编号为65004），在之前的调查中，被错误标记为“白榆”（榆树）；位于如皋市搬经镇港桥村26组的1株旱柳（*Salix matsudana*）（挂牌编号为62068）（图4－43），在之前的调查中，被错误标记为“柳树（垂柳）”（*Salix babylonica*）；位于如皋市下原镇邹庄村17组的1株梓树（*Catalpa ovata*）（挂牌编号为62040），错挂为“楸树”（*Catalpa bungei*）；位于海门市悦来镇仲文村7组朱炳辉家的朴树，先后被挂牌误认为“榆树”和“大叶榉树”（古树名木编号为“64012”），实际上应该为榆科的朴树；位于海门市临江镇阳应村28组施永辉家的朴树，原被误认为“大叶榉树”（古树名木编号为“64013”）；位于崇川区狼山望江亭的1株银杏，误将挂牌编号标记为67136（雌株），实际挂牌编号应为67137（雄株）。又如，位于崇川区博物苑的大叶榉树（挂牌编号为67101，图4－40），被错误标记为“黑榆树”；位于通州区东社镇东社居东街13组的1株朴树（挂牌编号为66044），被错误标记为“白榆（榆树）”，实际应为朴树；位于通州区兴仁镇长林桥村卫志云屋后的两株黄杨（挂牌编号为66016、66017，图4－44），中文名称错写为“小叶黄杨”（*Buxus sinica* var. *parvifolia*），而下面对应的拉丁学名又错写为“*Buxus bodinieri*”，但实际上，“*Buxus bodinieri*”应该是“雀舌黄杨”的学名。根据鉴定，这两株植物，实际应为“黄杨”（*Buxus sinica*）。这些均亟须更正。

图 4－41　朴树（古树名木 通州东社镇东平村 12 组季玉江宅旁）

图 4－42　冬青卫矛（古树名木 海安市中洋集团中润公司）

图 4－43　旱柳（古树名木 如皋九华镇赵元村初级中学）

图 4－44　黄杨（古树名木 通州兴仁镇长林桥村卫志云屋后）

注：两株黄杨（编号：660016/660017）的挂牌有误，所标注的中文名称和拉丁学名均需更正，应该为黄杨（*Buxus sinica*）

此外，位于如东县丰利镇光荣路 20 号许波涛家的 1 株茶树（*Camellia sinensis*）（古树名木标号为 63048），已经被卖。在此次调查中也发现有少数古树名木的生长情况欠佳，需要加强管理。如位于海安市海安镇中坝北路 5 号唐家巷的银杏（古树名木编号 61009），生境较差，萌枝枯死；位于如东县栟茶镇原浒澪乡乡政府（原浒澪小学）街道、店铺旁道上的两棵银杏（序号 20、21，古树名木编号 63025、63026）（图 4－45），生境极差，表现为植株在街道、店铺旁，空间狭小，树基部被水泥包裹；位于如东县掘港镇八总庙村的构树（古树名木编号 63055），长势很差，只有两个小的活枝，主干严重中空；位于如东县大豫镇大同村 7 组沈志辉宅后的香樟（图 4－46），叶小黄化、枯落，大枝枯死，长势不佳。

图 4－45　银杏，右图示银杏生境狭小（古树名木 如东栟茶镇）

图 4－46　香樟（古树名木 如东县大豫镇大同村）

具体种质资源情况如表 4-8、表 4-9 和表 4-10 所示。

表 4-8　南通市古树名木资源统计表

种中文名	株数	种拉丁学名	属名	科名
银杏	328	*Ginkgo biloba* Linn.	银杏属 *Ginkgo*	银杏科 Ginkgoaceae
大叶榉树	45	*Zelkova schneideriana* Hand. -Mazz.	榉属 *Zelkova*	榆科 Ulmaceae
朴树	41	*Celtis sinensis* Pers.	朴属 *Celtis*	榆科 Ulmaceae
黄杨（瓜子黄杨）	20	*Buxus sinica*（Rehd. et Wils.）M. Cheng	黄杨属 *Buxus*	黄杨科 Buxaceae
圆柏	19	*Juniperus chinensis*（Linn.）Ant.	圆柏属 *Juniperus*	柏科 Cupressaceae
罗汉松	19	*Podocarpus macrophyllus* D. Don	罗汉松属 *Podocarpus*	罗汉松科 Podocarpaceae
桂花	14	*Osmanthus fragrans*（Thunb.）Lour.	木犀属 *Osmanthus*	木犀科 Oleaceae
雪松	13	*Cedrus deodara*（Roxb.）G. Don	雪松属 *Cedrus*	松科 Pinaceae
荷花玉兰（广玉兰）	13	*Magnolia grandiflora* Linn.	木兰属 *Magnolia*	木兰科 Magnoliaceae
香樟	12	*Cinnamomum camphora*（Linn.）Presl.	樟属 *Cinnamomum*	樟科 Lauraceae
龙柏	9	*Juniperus chinensis* ‘Kaizuca’	圆柏属 *Juniperus*	柏科 Cupressaceae
日本五针松	8	*Pinus parviflora* Sieb. et Zucc.	松属 *Pinus*	松科 Pinaceae
柿	8	*Diospyros kaki* var. *sylvestris* Makino	柿属 *Diospyros*	柿树科 Ebenaceae
榔榆	7	*Ulmus parvifolia* Jacq.	榆属 *Ulmus*	榆科 Ulmaceae
柘树	7	*Maclura tricuspidata Carrière*	柘属 *Maclura*	桑科 Moraceae
紫薇	6	*Lagerstroemia indica* Linn.	紫薇属 *Lagerstroemia*	千屈菜科 Lythraceae

续　表

种中文名	株数	种拉丁学名	属名	科名
重阳木	6	*Bischofia polycarpa* (Lévl.) Airy Shaw	秋枫属 *Bischofia*	大戟科 Euphorbiaceae
黄连木	6	*Pistacia chinensis* Bunge	黄连木属 *Pistacia*	漆树科 Anacardiaceae
枫杨	5	*Pterocarya stenoptera* C. DC.	枫杨属 *Pterocarya*	胡桃科 Juglandaceae
柞木	5	*Xylosma congesta* (Lour.) Merr.	柞木属 *Xylosma*	刺篱木科 Flacourtiaceae
黄檀	5	*Dalbergia hupeana* Hance	黄檀属 *Dalbergia*	蝶形花科 Papilionaceae
国槐	5	*Sophora japonica* Linn.	槐属 *Sophora*	蝶形花科 Papilionaceae
乌桕	5	*Triadica sebifera* (Linn.) Roxb.	乌桕属 *Triadica*	大戟科 Euphorbiaceae
皂荚	4	*Gleditsia sinensis* Lam.	皂荚属 *Gleditsia*	云实科 Caesalpiniaceae
白杜	4	*Euonymus maackii* Rupr.	卫矛属 *Euonymus*	卫矛科 Celastraceae
女贞	4	*Ligustrum lucidum* Ait.	女贞属 *Ligustrum*	木犀科 Oleaceae
苏铁（铁树）	3	*Cycas revoluta* Thunb.	苏铁属 *Cycas*	苏铁科 Cycadaceae
刺柏	3	*Juniperus formosana* Hayata	刺柏属 *Juniperus*	柏科 Cupressaceae
榆树	3	*Ulmus pumila* Linn.	榆属 *Ulmus*	榆科 Ulmaceae
桑	3	*Morus alba* Linn.	桑属 *Morus*	桑科 Moraceae
旱柳	3	*Salix matsudana* Koidz.	柳属 *Salix*	杨柳科 Salicaceae
紫藤	3	*Wisteria sinensis* (Sims) Sweet	紫藤属 *Wisteria*	蝶形花科 Papilionaceae

续　表

种中文名	株数	种拉丁学名	属名	科名
黄金树	3	*Catalpa speciosa*（Barney）Engelm	梓属 *Catalpa*	紫葳科 Bignoniaceae
日本柳杉	2	*Cryptomeria japonica*（Linn. f.）D. Don	柳杉属 *Cryptomeria*	杉科 Taxodiaceae
池杉	2	*Taxodium distichum* var. *imbricatum*（Nutt.）Croom	落羽杉属 *Taxodium*	杉科 Taxodiaceae
蜡梅	2	*Chimonanthus praecox*（Linn.）Link	蜡梅属 *Chimonanthus*	蜡梅科 Calycanthaceae
月桂	2	*Laurus nobilis* Linn.	月桂属 *Laurus*	樟科 Lauraceae
贵州石楠（椤木石楠）	2	*Photinia bodinieri* Lévl.	石楠属 *Photinia*	蔷薇科 Rosaceae
石楠	2	*Photinia serrulata* Lindl.	石楠属 Photinia	蔷薇科 Rosaceae
洋槐（刺槐）	2	*Robinia pseudoacacia* Linn.	槐属 *Robinia*	蝶形花科 Papilionaceae
无刺枸骨	2	*Ilex cornuta*‘Fortunei’	冬青属 *Ilex*	冬青科 Aquifoliaceae
白皮松	1	*Pinus bungeana* Zucc. ex Endl.	松属 *Pinus*	松科 Pinaceae
赤松	1	*Pinus densiflora* Sieb. et Zucc.	松属 *Pinus*	松科 Pinaceae
黑松	1	*Pinus thunbergii* Parl.	松属 *Pinus*	松科 Pinaceae
柳杉	1	*Cryptomeria fortunei* Hooibrenk ex Otto et Dietr.	柳杉属 *Cryptomeria*	杉科 Taxodiaceae
侧柏	1	*Platycladus orientalis*（Linn.）Franco	刺柏属 *Juniperus*	柏科 Cupressaceae
红花檵木	1	*Loropetalum chinense*（R. Br.）Oliv. var. *rubrum* Yieh	檵木属 *Loropetalum*	金缕梅科 Hamamelidaceae
紫弹树	1	*Celtis biondii* Pamp.	朴属 *Celtis*	榆科 Ulmaceae

续　表

种中文名	株数	种拉丁学名	属名	科名
构树	1	*Broussonetia papyrifera* (Linn.) L' Her. ex Vent.	构属 *Broussonetia*	桑科 Moraceae
垂柳	1	*Salix babylonica* Linn.	柳属 *Salix*	杨柳科 Salicaceae
木瓜	1	*Chaenomeles sinensis* (Thouin) Koehne	木瓜属 *Chaenomeles*	蔷薇科 Rosaceae
枇杷	1	*Eriobotrya japonica* (Thunb.) Lindl.	枇杷属 *Eriobotrya*	蔷薇科 Rosaceae
木香	1	*Rosa banksiae* Aiton	蔷薇属 *Rosa*	蔷薇科 Rosaceae
石榴	1	*Punica granatum* Linn.	石榴属 *Punica*	石榴科 Punicaceae
扶芳藤	1	*Euonymus fortunei* (Turcz.) Hand. -Mazz.	卫矛属 *Euonymus*	卫矛科 Celastraceae
冬青卫矛	1	*Euonymus japonicus* Thunb.	卫矛属 *Euonymus*	卫矛科 Celastraceae
枸骨冬青	1	*Ilex cornuta* Lindl. ex Paxt.	冬青属 *Ilex*	冬青科 Aquifoliaceae
全缘叶栾树（黄山栾树）	1	*Koelreuteria integrifolia* Merr.	栾树属 *Koelreuteria*	无患子科 Sapindaceae
三角枫	1	*Acer buergerianum* Miq.	槭属 *Acer*	槭树科 Aceraceae
臭椿	1	*Ailanthus altissima* Swingle	臭椿属 *Ailanthus*	苦木科 Simaroubaceae
苦楝	1	*Melia azedarach* Linn.	楝属 *Melia*	楝科 Meliaceae
络石	1	*Trachelospermum jasminoides* (Lindl.) Lem.	络石属 *Trachelospermum*	夹竹桃科 Apocynaceae
枸杞	1	*Lycium chinense* Mill.	枸杞属 *Lycium*	茄科 Solanaceae
厚壳树	1	*Ehretia acuminata* (DC.) R. Br.	厚壳树属 *Ehretia*	紫草科 Boraginaceae

续 表

种中文名	株数	种拉丁学名	属名	科名
毛泡桐	1	*Paulownia tomentosa* Steud.	泡桐属 *Paulownia*	玄参科 Scrophulariaceae
楸树	1	*Catalpa bungei* C. A. Mey.	梓属 *Catalpa*	紫葳科 Bignoniaceae
梓树	1	*Catalpa ovata* G. Don	梓属 *Catalpa*	紫葳科 Bignoniaceae
日本珊瑚树	1	*Viburnum awabuki K. Kock.*	荚蒾属 *Viburnum*	五福花科 Adoxaceae
金银忍冬	1	*Lonicera maackii* (Rupr.) Maxim.	忍冬属 *Lonicera*	忍冬科 Caprifoliaceae

表 4-9 南通市古树名木种质资源地理位置详表

种名	序号	古树名木编号	GPS 地理坐标(°)	海拔(m)	小地名与位置描述
银杏	1	61001	N32.476 60, E120.297 80	7	海安市曲塘镇银树村4组
银杏	2	61002	N32.499 50, E120.297 80	8	海安市曲塘镇碧水华庭
银杏	3	61012	N32.530 70, E120.451 00	17	海安镇二里村6组
银杏	4	61007	N32.475 40, E120.488 80	5	海安镇通学桥村14组
银杏	5	61006	N32.479 30, E120.441 10	17	海安镇海南村34组
银杏	6	61005	N32.479 30, E120.441 10	17	海安镇海南村34组
香樟	7	—	N32.558 60, E120.458 10	18	海安市江淮文化园(2005年建)
香樟	8	—	N32.558 10, E120.458 50	15	海安市江淮文化园
黄连木	9	—	N32.558 40, E120.459 10	7	海安市江淮文化园
紫薇	10	61011	N32.549 10, E120.458 90	12	海安市紫石公园
蜡梅	11	61015	N32.548 90, E120.459 10	15	海安市博物馆
黄杨	12	61016	N32.549 20, E120.459 20	5	海安市博物馆
广玉兰	13	61014	N32.549 20, E120.459 20	5	海安市博物馆
桂花	14	61017	N32.549 20, E120.459 20	5	海安市博物馆

续　表

种名	序号	古树名木编号	GPS 地理坐标（°）	海拔(m)	小地名与位置描述
桂花	15	61018	N32.549 20，E120.459 20	5	海安市博物馆
香樟	16	—	N32.549 20，E120.459 20	5	海安市博物馆
银杏	17	61009	N32.546 80，E120.452 20	14	海安镇中坝北路 5 号唐家巷
桂花	18	61013	N32.547 10，E120.452 00	17	海安镇中坝北路 12 号唐家巷
广玉兰	19	—	N32.547 10，E120.452 00	17	海安镇中坝北路 12 号唐家巷
龙柏	20	—	N32.543 20，E120.453 90	7	海安镇海陵公园
苏铁	21	61032	N32.533 40，E120.471 50	10	海安市烈士陵园
苏铁	22	61031	N32.533 40，E120.471 50	10	海安市烈士陵园
池杉	23	—	N32.533 40，E120.471 50	10	海安市烈士陵园
雪松	24	—	N32.533 40，E120.471 50	10	海安市烈士陵园
广玉兰	25	61026	N32.613 30，E120.898 90	12	海安市中洋集团中润公司
朴树	26	61027	N32.613 50，E120.899 70	11	海安市中洋集团中润公司
冬青卫矛	27	61028	N32.613 50，E120.899 70	11	海安市中洋集团中润公司
广玉兰	28	61029	N32.613 50，E120.899 70	11	海安市中洋集团中润公司
广玉兰	29	61026	N32.613 50，E120.899 70	11	海安市中洋集团中润公司
银杏	30	61023	N32.566 00，E120.615 80	16	海安西场镇新立村 12 组
朴树	31	61024	N32.561 30，E120.620 30	21	海安西场镇新立村 6 组
银杏	32	61022	N32.517 90，E120.591 60	3	海安西场镇西场村 10 组
朴树	33	61021	N32.515 20，E120.480 80	10	海安城东镇南屏村 6 组
朴树	34	61020	N32.515 20，E120.480 80	10	海安城东镇南屏村 6 组

续　表

种名	序号	古树名木编号	GPS 地理坐标（°）	海拔(m)	小地名与位置描述
朴树	35	61019	N32.515 20，E120.480 80	10	海安城东镇南屏村 6 组
银杏	36	61003	N32.464 90，E120.457 78	18	海安城东镇南屏村 7 组
银杏	37	61004	N32.464 90，E120.457 78	18	海安城东镇南屏村 7 组
银杏	38	61008	N32.462 70，E120.398 70	8	海安市孙庄镇仁桥村 20 组
柞木	39	—	N32.537 19，E120.448 11	6	中洋现代城
朴树	40	—	N32.551 30，E120.457 90	24	海安高级中学
朴树	41	—	N32.551 30，E120.457 90	24	海安高级中学
柞木	42	—	N32.551 30，E120.457 90	24	海安高级中学
枇杷	43	—	N31.847 70，E121.482 90	9	启东北新镇介英村（原名枇杷村）枇杷园艺场
大叶榉树	44	—	N31.848 40，E121.484 40	15	启东北新镇介英村（原名枇杷村）榉树地
大叶榉树	45	—	N31.848 40，E121.484 40	15	启东北新镇介英村（原名枇杷村）榉树地
大叶榉树	46	—	N31.848 40，E121.484 40	15	启东北新镇介英村（原名枇杷村）榉树地
大叶榉树	47	—	N31.848 40，E121.485 10	15	启东北新镇介英村（原名枇杷村）早园竹林内
白杜	48	—	N31.848 40，E121.485 10	15	启东北新镇介英村（原名枇杷村）早园竹林内
臭椿	49	—	N31.782 80，E121.652 90	14	启东汇龙镇建筑南路
大叶榉树	50	—	N31.972 10，E121.628 20	13	启东市合作镇无畏村
银杏	51	—	N31.972 10，E121.628 20	13	启东市合作镇无畏村
柿	52	—	N31.892 20，E121.618 00	13	启东市合作镇臣义村
广玉兰	53	—	N31.892 20，E121.618 00	13	启东市合作镇臣义村教堂
朴树	54	—	N31.765 60，E121.738 70	12	启东市惠萍镇海红村

续 表

种名	序号	古树名木编号	GPS 地理坐标（°）	海拔(m)	小地名与位置描述
银杏	55	—	N31.799 50，E121.744 70	16	启东市东海镇显中村一组黄沈兵宅
红花檵木	56	—	N31.801 00，E121.785 10	21	启东市东海镇云祥村四组邱薛宅前
榔榆	57	—	N31.799 80，E121.781 60	16	启东市东海镇云祥村郁红辉宅后
榔榆	58	—	N31.799 80，E121.781 60	16	启东市东海镇云祥村郁红辉宅后
国槐	59	—	N31.791 60，E121.805 70	14	启东市东海镇建民村徐洪生东宅
榆树	60	—	N31.828 70，E121.775 50	17	启东市东海镇武东村五组李敏屋旁
朴树	61	65004	N31.985 00，E121.705 00	19	启东市海富镇东南中学原女生宿舍
龙柏	62	—	N31.985 00，E121.705 00	19	启东市海富镇东南中学原女生宿舍
圆柏	63	—	N31.985 00，E121.705 00	19	启东市海富镇东南中学原女生宿舍
榆树	64	—	N31.985 00，E121.705 00	19	启东市海富镇东南中学原女生宿舍
黄檀	65	—	N31.818 53，E121.809 25	—	启东市东海镇东安镇村
银杏	66	65003	N32.058 70，E121.595 50	26	启东吕四镇原酿造厂内
银杏	67	65002	N32.057 20，E121.596 30	25	启东吕四镇后成幼儿园西侧
银杏	68	65001	N32.053 00，E121.599 00	25	启东吕四镇后老搪瓷厂南侧
紫薇	69	—	N32.058 90，E123.536 10	13	启东吕四镇杰相私人博物馆
贵州石楠	70	—	N32.058 90，E123.536 10	13	启东吕四镇杰相私人博物馆

续 表

种名	序号	古树名木编号	GPS 地理坐标（°）	海拔(m)	小地名与位置描述
紫薇	71	—	N32.058 90，E123.536 10	13	启东吕四镇杰相私人博物馆
罗汉松	72	—	N32.058 90，E123.536 10	13	启东吕四镇杰相私人博物馆
贵州石楠	73	—	N32.05890，E123.53610	13	启东吕四镇杰相私人博物馆
银杏	74	62105	N32.244 60，E120.758 70	22	如皋白蒲镇跃进居委会印池北巷
桂花	75	62106	N32.244 60，E120.758 70	22	如皋白蒲镇跃进居委会印池北巷
黄杨	76	62055	E32.239 70，N20.758 90	14	如皋白蒲镇白蒲公园
圆柏	77	62108	N32.239 70，E120.758 90	14	如皋白蒲镇白蒲公园
银杏	78	62079	N32.232 80，E120.732 00	3	如皋白蒲镇蒲西村 16 组
银杏	79	62069	N32.239 90，E120.690 00	24	如皋白蒲镇沈桥村 1 组
银杏	80	62032	N32.243 50，E120.690 50	12	如皋白蒲镇唐堡村陈旭东
银杏	81	—	N32.243 00，E120.689 40	5	如皋白蒲镇唐堡村 27 组陈凤
银杏	82	62017	N32.294 20，E120.741 70	15	如皋白蒲镇林梓粮站李思明
黄杨	83	62072	N32.294 90，E120.742 60	15	如皋白蒲镇林梓居委会沈际兰
银杏	84	62066	N32.268 10，E120.826 60	17	如皋白蒲镇姚家园村 26 组施德明
银杏	85	62067	N32.268 10，E120.826 60	17	如皋白蒲镇姚家园村 26 组施德明
香樟	86	62061	N32.339 50，E120.680 90	15	如皋丁堰镇鞠庄村 38 组庄桂红
黄杨	87	—	N32.350 60，E120.702 20	18	如皋丁堰镇鞠庄村
银杏	88	62101	N32.376 30，E120.731 30	45	如皋丁堰镇新堰村杨仁基

续　表

种名	序号	古树名木编号	GPS 地理坐标（°）	海拔(m)	小地名与位置描述
桂花	89	62062	N32.376 30，E120.731 30	45	如皋丁堰镇新堰村杨仁基
柘树	90	62102	N32.399 50，E120.716 50	9	如皋丁堰镇下圩村周国祥
银杏	91	62084	N32.367 00，E120.502 90	24	如皋城北街道陆姚村16组范崇圣
大叶榉树	92	62116	N32.346 80，E120.490 20	3	如皋城北街道陆姚村26组佘友志
大叶榉树	93	62117	N32.346 80，E120.490 20	4	如皋城北街道陆姚村26组佘友志
银杏	94	62118	N32.386 50，E120.464 20	9	如皋城北街道纪港村王全胜
柿树	95	62078	N32.394 10，E120.534 60	15	如皋城北街道邓元村许映贵
银杏	96	62060	N32.439 00，E120.579 40	10	如皋城北街道里庄村陈英
银杏	97	62039	N32.450 90，E120.584 00	8	如皋城北街道复兴村1组徐彬
银杏	98	62030	N32.404 10，E120.645 50	18	如皋东陈镇洪桥村吴春元
银杏	99	62031	N32.388 00，E120.663 70	11	如皋东陈镇徐湾村薛子林
大叶榉树	100	62104	N32.281 30，E120.575 60	15	如皋磨头镇星港村11组陆群德
重阳木	101	—	N32.286 70，E120.564 40	10	如皋磨头镇磨头居委会
银杏	102	62006	N32.312 30，E120.540 50	46	如皋磨头镇菖蒲寺钱玉芳
银杏	103	62070	N32.236 80，E120.492 30	17	如皋磨头镇朗张村1组
银杏	104	62071	N32.236 80，E120.492 30	17	如皋磨头镇朗张村1组
银杏	105	62131	N32.236 40，E120.491 90	11	如皋磨头镇朗张村1组东一棵姜学东
银杏	106	62077	N32.203 10，E120.545 30	14	如皋吴窑镇镇政府内

续　表

种名	序号	古树名木编号	GPS 地理坐标（°）	海拔(m)	小地名与位置描述
银杏	107	62091	N32.185 27，E120.539 40	15	如皋吴窑镇何柳村 5 组郝荣建
银杏	108	62092	N32.185 28，E120.539 40	15	如皋吴窑镇何柳村 5 组郝荣建
大叶榉树	109	62099	N32.226 30，E120.588 70	16	如皋吴窑镇立新村 23 组吴孝成
大叶榉树	110	62100	N32.226 30，E120.588 70	16	如皋吴窑镇立新村 23 组吴孝成
银杏	111	62042	N32.209 00，E120.585 90	14	如皋吴窑镇立新村 14 组严永丰
银杏	112	62093	N32.216 20，E120.566 20	17	如皋吴窑镇小马村 22 组
银杏	113	62129	N32.223 10，E120.545 90	11	如皋吴窑镇龙河村 10 组
银杏	114	62073	N32.243 40，E120.567 60	17	如皋吴窑镇四房村
银杏	115	62082	N32.129 20，E120.505 90	6	如皋石庄镇闸口村 12 组王成
银杏	116	62110	N32.165 00，E120.520 00	12	如皋石庄镇石北村 20 组
柘树	117	62128	N32.174 40，E120.491 00	16	如皋石庄镇思江村
银杏	118	62075	N32.137 70，E120.524 70	17	如皋石庄镇石南村 12 组
银杏	119	62080	N32.198 07，E120.499 69	17	如皋石庄镇铁篱村 10 组
银杏	120	62115	N32.182 50，E120.621 00	36	如皋长江镇刘胜村 15 组
银杏	121	62076	N32.187 00，E120.608 80	16	如皋长江镇车马湖村 22 组
银杏	122	62087	N32.182 60，E120.616 26	8	如皋长江镇四桥村 14 组

续 表

种名	序号	古树名木编号	GPS 地理坐标（°）	海拔(m)	小地名与位置描述
银杏	123	—	N32. 165 00，E120. 588 30	40	如皋长江镇郭园居27组
银杏	124	—	N32. 166 30，E120. 598 90	13	如皋长江镇郭园居3组
银杏	125	—	N32. 169 40，E120. 567 80	15	如皋长江镇扬洲村5组
银杏	126	62074	N32. 125 20，E120. 466 40	12	如皋江安镇新建村9组
银杏	127	62022	N32. 121 50，E120. 474 70	19	如皋江安镇新建村11组
银杏	128	62059	N32. 144 10，E120. 362 00	16	如皋江安镇黄市村
银杏	129	62011	N32. 150 20，E120. 374 30	12	如皋江安镇中心村
银杏	130	62056	N32. 151 50，E120. 381 40	15	如皋江安镇中心村
银杏	131	62127	N32. 174 20，E120. 390 60	14	如皋江安镇徐黄村4组
大叶榉树	132	—	N32. 296 20，E120. 437 70	14	如皋搬经镇焦港村12组
槐树	133	62003	N32. 335 70，E120. 436 30	22	如皋搬经镇加力村
旱柳	134	62068	N32. 356 00，E120. 407 40	12	如皋搬经镇港桥村26组
银杏	135	62010	N32. 295 90，E120. 382 80	13	如皋搬经镇朱夏村
银杏	136	62058	N32. 269 40，E120. 359 40	26	如皋搬经镇卢庄村
银杏	137	62016	N32. 270 40，E120. 357 50	11	如皋搬经镇卢庄村
银杏	138	62001	N32. 265 80，E120. 363 70	22	如皋搬经镇卢庄村苏正明
银杏	139	62114	N32. 666 94，E120. 410 29	14	如皋搬经镇楼冯村21组张松红
银杏	140	62094	N32. 627 50，E120. 473 57	6	如皋搬经镇横埭村方海燕
银杏	141	62009	N32. 638 33，E120. 463 91	7	如皋搬经镇横埭村5组
银杏	142	62015	N32. 590 56，E120. 431 15	9	如皋搬经镇万全村17组

续　表

种名	序号	古树名木编号	GPS 地理坐标（°）	海拔(m)	小地名与位置描述
银杏	143	62013	N32.673 33，E120.469 38	10	如皋搬经镇土山村绍隆寺
银杏	144	62034	N32.157 70，E120.692 90	10	如皋九华镇郭里村33组
银杏	145	62035	N32.157 70，E120.692 90	10	如皋九华镇郭里村33组
银杏	146	62097	N32.160 80，E120.692 90	10	如皋九华镇郭李村34组
银杏	147	62088	N32.160 80，E120.692 90	10	如皋九华镇郭李村34组
银杏	148	62002	N32.161 40，E120.647 30	5	如皋九华镇赵元村初级中学
银杏	149	62119	N32.135 60，E120.620 90	18	如皋九华镇薛窑农场
银杏	150	—	N32.137 60，E120.652 20	10	如皋九华镇马桥村20组
银杏	151	—	N32.137 60，E120.652 20	10	如皋九华镇马桥村20组
银杏	152	62098	N32.087 90，E120.644 60	16	如皋九华镇丝渔村1组
女贞	153	62054	N32.088 10，E120.645 30	11	如皋九华镇丝渔村1组
大叶榉树	154	62109	N32.088 10，E120.645 30	11	如皋九华镇丝渔村1组
梓树	155	62040	N32.213 10，E120.652 70	7	如皋下原镇邹庄村17组
银杏	156	62053	N32.229 30，E120.691 50	10	如皋下原镇陈桥村
朴树	157	62103	N32.217 20，E120.693 20	16	如皋下原镇蔡荡村29组
银杏	158	62041	N32.229 15，E120.691 65	10	如皋下原镇陈桥村陈健
大叶榉树	159	62083	N32.213 56，E120.680 63	8	如皋下原镇藕池村11组
朴树	160	62057	N32.289 30，E120.610 90	19	如皋城南街道夏庄村新庄小区

续　表

种名	序号	古树名木编号	GPS 地理坐标（°）	海拔（m）	小地名与位置描述
银杏	161	62089	N32.306 60，E120.584 30	20	如皋城南街道天堡村 6 组钢结构厂
银杏	162	62090	N32.306 60，E120.584 30	20	如皋城南街道天堡村 6 组钢结构厂
朴树	163	62107	N32.359 22，E120.617 94	8	如皋城南街道新庄村新庄小区
朴树	164	62043	N32.322 09，E120.614 13	7	如皋城南街道桃林村 27 组
银杏	165	62130	N32.379 60，E120.513 70	21	如皋如城街道十里村新庄庙
银杏	166	62065	N32.340 40，E120.573 40	8	如皋如城街道安定村
银杏	167	62064	N32.340 40，E120.573 40	8	如皋如城街道安定村
日本五针松	168	62029	N32.386 50，E120.588 80	6	如皋市烈士陵园
日本五针松	169	62028	N32.386 50，E120.588 80	6	如皋市烈士陵园
白皮松	170	—	N32.386 50，E120.588 80	6	如皋市烈士陵园
黄金树	171	—	N32.397 90，E120.564 60	22	如皋市水绘园
银杏	172	—	N32.397 90，E120.564 60	22	如皋市水绘园
扶芳藤	173	62096	N32.397 90，E120.564 60	22	如皋市水绘园
黄杨	174	62026	N32.397 90，E120.564 60	22	如皋市水绘园
黄杨	175	62033	N32.397 60，E120.563 90	2	如皋市水绘园
圆柏	176	62052	N32.397 90，E120.564 60	22	如皋市水绘园
无刺枸骨	177	—	N32.397 91，E120.564 61	24	如皋市水绘园
无刺枸骨	178	62113	N32.397 45，E120.563 64	10	如皋市水绘园
桑	179	—	N32.398 20，E120.564 30	14	如皋市水绘园
桂花	180	62086	N32.398 30，E120.564 40	17	如皋市水绘园盆景园内
木香	181	—	N32.398 30，E120.564 40	17	如皋市水绘园盆景园内
日本五针松	182	62020	N32.397 45，E120.563 64	12	如皋市水绘园盆景园内

续　表

种名	序号	古树名木编号	GPS 地理坐标（°）	海拔(m)	小地名与位置描述
日本五针松	183	62021	N32.397 45，E120.563 64	13	如皋市水绘园盆景园内
日本五针松	184	62049	N32.397 45，E120.563 64	10	如皋市水绘园盆景园内
日本五针松	185	62050	N32.397 45，E120.563 64	15	如皋市水绘园盆景园内
日本五针松	186	62051	N32.398 30，E120.564 40	17	如皋市水绘园盆景园内
络石	187	62112	N32.398 30，E120.564 40	18	如皋市水绘园盆景园内
紫藤	188	62126	N32.397 90，E120.564 60	22	如皋市水绘园盆景园外
木瓜	189	62008	N32.397 60，E120.563 90	2	如皋市水绘园
圆柏	190	62005	N32.397 60，E120.563 90	2	如皋市水绘园
广玉兰	191	62121	N32.397 81，E120.565 95	6	如皋市水绘园
石楠	192	62120	N32.397 81，E120.565 95	6	如皋市水绘园
圆柏	193	62012	N32.397 45，E120.563 64	7	如皋市水绘园盆景园内
圆柏	194	62018	N32.397 45，E120.563 64	3	如皋市水绘园盆景园内
圆柏	195	62027	N32.385 66，E120.587 38	6	如皋市水绘园盆景园内
刺柏	196	62007	N32.397 45，E120.563 64	7	如皋市水绘园盆景园内
刺柏	197	62014	N32.397 45，E120.563 64	8	如皋市水绘园盆景园内
刺柏	198	62019	N32.397 45，E120.563 64	5	如皋市水绘园盆景园内
罗汉松	199	62036	N32.397 45，E120.563 64	7	如城街道如皋市人民公园
银杏	200	62046	N32.390 00，E120.563 80	17	如城镇孔庙社区
银杏	201	62047	N32.390 00，E120.563 80	17	如城镇孔庙社区
银杏	202	62024	N32.394 30，E120.556 40	13	如城镇海月寺
银杏	203	62023	N32.394 30，E120.556 40	13	如城镇海月寺
银杏	204	62025	N32.394 00，E120.555 70	22	如城镇陈家祠
银杏	205	62004	N32.391 50，E120.567 40	22	如城镇定慧寺
银杏	206	62063	N32.562 37，E120.566 10	13	如城微型变压器厂

续 表

种名	序号	古树名木编号	GPS 地理坐标（°）	海拔(m)	小地名与位置描述
银杏	207	62048	N32. 562 37，E120. 566 10	13	如城微型变压器厂
桂花	208	62111	N32. 392 40，E120. 567 50	10	如皋师范学校
罗汉松	209	62037	N32. 392 40，E120. 567 50	10	如皋师范学校
罗汉松	210	62037	N32. 392 40，E120. 567 51	10	如皋师范学校
罗汉松	211	62044	N32. 392 40，E120. 567 51	10	如皋师范学校
银杏	212	63001	N32. 314 50，E121. 187 90	16	如东掘港镇郡庙巷
朴树	213	63002	N32. 310 40，E121. 181 50	22	如东掘港镇弹琴桥村南向西（原老酒厂）
银杏	214	63003	N32. 404 13，E120. 770 30	13	如东双甸镇倪张村28组
银杏	215	63004	N32. 377 95，E121. 034 48	13	如东马塘镇三厂村三组（银杏村）
朴树	216	63005	N32. 506 00，E121. 023 10	13	如东沿海经济开发区光荣村 23 组（海堤林业管理站）
银杏	217	63006	N32. 415 39，E120. 908 60	12	如东岔河镇王池村 1 组
桂花	218	63007	N32. 313 30，E121. 181 70	30	如东掘港镇友好居委会
蜡梅	219	63008	N32. 315 30，E121. 042 30	12	如东马塘镇医院
银杏	220	63009	N32. 315 00，E120. 818 80	18	如东双甸镇东阳庙村东岳庙
黄杨	221	63010	N32. 350 39，E120. 819 83	12	如东双甸镇光明居委会
银杏	222	63011	N32. 543 10，E120. 840 90	14	如东栟茶镇双星庄村9组
银杏	223	63012	N32. 543 10，E120. 840 90	14	如东栟茶镇双星庄村9组
大叶榉树	224	63015	N32. 431 00，E120. 899 50	12	如东岔河镇古北村原成之小学内
桂花	225	63016	N32. 350 39，E120. 819 87	11	如东双甸镇光明居委会
圆柏	226	63018	N32. 358 41，E121. 219 10	13	如东掘港镇丁杨村16组

续　表

种名	序号	古树名木编号	GPS 地理坐标（°）	海拔（m）	小地名与位置描述
黄杨	227	63020	N32.310 30，E121.175 40	33	如东掘港镇如东县人民公园扶海阁东侧
榆树	228	63021	N32.286 37，E120.921 75	20	如东新店镇月池村 4 组李道荣宅旁
黄檀	229	63023	N32.296 70，E121.170 80	14	如东掘港镇如东高级中学专家楼东侧
黄檀	230	63024	N32.296 70，E121.170 80	14	如东掘港镇如东高级中学专家楼东侧
银杏	231	63025	N32.548 70，E120.852 10	19	如东栟茶镇原浒澪乡乡政府（原浒澪小学）
银杏	232	63026	N32.548 70，E120.852 10	19	如东栟茶镇原浒澪乡乡政府（原浒澪小学）
银杏	233	63029	N32.331 42，E120.886 08	19	如东岔河镇兴发村红宝石幼儿园
朴树	234	63030	N32.238 00，E121.221 60	10	如东掘港镇新丰村原华丰小学
女贞	235	63032	N32.250 31，E120.939 89	15	如东新店镇风闸村 9 组姚卫国宅旁
黄杨	236	63033	N32.262 08，E120.944 83	19	如东新店镇风闸村杨万林宅旁
朴树	237	63034	N32.296 20，E120.924 60	19	如东双甸镇双虹桥村 11 组郑国兵宅旁
黄杨	238	63035	N32.251 99，E120.913 51	14	如东新店镇新联村 4 组王泽西
银杏	239	63036	N32.293 87，E121.016 43	14	如东马塘镇王渡村韩文学宅旁
乌桕	240	63037	N32.498 75，E120.766 81	14	如东袁庄镇沿南村 5 组（现戴南村 6 组）
银杏	241	63038	N32.483 10，E120.760 20	14	如东袁庄镇桂林小学
银杏	242	63039	N32.483 10，E120.760 20	14	如东袁庄镇桂林小学

续 表

种名	序号	古树名木编号	GPS 地理坐标（°）	海拔(m)	小地名与位置描述
紫薇	243	63042	N32. 446 30，E121. 021 20	16	如东丰利镇原丰利中学袁金华校长院内
紫弹朴	244	63044	N32. 446 30，E121. 021 20	16	如东丰利镇原丰利中学袁金华校长院内
石榴	245	63045	N32. 444 00，E121. 037 00	17	如东丰利镇丰利中学
黄杨	246	63047	N32. 444 00，E121. 037 00	17	如东丰利镇丰利中学
银杏	247	63049	N32. 205 00，E121. 259 70	22	如东大豫镇大同村 6 组花正兵宅旁
黄杨	248	63050	N32. 236 00，E121. 290 40	22	如东大豫镇丁家店村 40 组 26 号潘裕林宅旁
银杏	249	63051	N32. 236 00，E121. 290 40	22	如东大豫镇丁家店村 40 组 26 号潘裕林宅旁
黄檀	250	63052	N32. 236 00，E121. 290 40	22	如东大豫镇丁家店村 40 组 26 号潘裕林宅旁
银杏	251	63053	N32. 355 90，E121. 291 00	20	如东大豫镇止马洼村 8 组玄真观庙
国槐	252	63054	N32. 339 90，E121. 301 80	17	如东大豫镇南坎社区吕建平宅旁
构树	253	63055	N32. 332 80，E121. 260 70	13	如东掘港镇八总庙村
银杏	254	63056	N32. 280 03，E121. 145 40	14	如东掘港镇芳泉村 9 组美华西宅旁
银杏	255	63057	N32. 200 60，E121. 239 30	12	如东掘港镇丁字岸村 35 组蒋兴飞宅旁
银杏	256	63058	N32. 460 30，E120. 933 90	13	如东洋口镇杨楝园村 9 组
皂荚	257	63059	N32. 419 00，E121. 235 30	19	如东长沙镇陆河村 44 组於松泉宅旁
白杜	258	63060	N32. 389 80，E121. 322 50	14	如东长沙镇北坎村 6 组现港城中通道
银杏	259	如东 32	N32. 350 60，E120. 778 40	13	如东双甸镇石南村 13 朱友全宅旁
银杏	260	如东 33	N32. 350 10，E120. 840 70	19	如东双甸镇镇南村 16 组顾正帮宅旁

续 表

种名	序号	古树名木编号	GPS 地理坐标（°）	海拔（m）	小地名与位置描述
银杏	277	—	N32. 199 20，E121. 281 40	20	如东大豫镇大同村烈士墓园
银杏	278	—	N32. 199 20，E121. 281 40	20	如东大豫镇大同村烈士墓园
银杏	279	—	N32. 332 80，E121. 260 70	13	如东掘港镇八总庙村
朴树	280	—	N32. 203 00，E121. 260 10	20	如东大豫镇大同村 7 组沈志辉
桂花	281	—	N32. 483 10，E120. 760 20	14	如东袁庄镇桂林小学
白杜	282	—	N32. 389 80，E121. 321 30	15	如东长沙镇北坎村 6 组（现港城中通道）
雪松	283	—	N32. 199 20，E121. 281 40	20	如东大豫镇大同村烈士墓园
雪松	284	—	N32. 199 20，E121. 281 40	20	如东大豫镇大同村烈士墓园
皂荚	285	—	N32. 339 90，E121. 301 80	17	如东大豫镇南坎社区吕建平宅旁
枸杞	286	—	N32. 350 10，E120. 897 32	8	如东岔河镇兴发村 6 组朱学高院内
黄连木	287	—	N32. 484 10，E120. 944 00	14	如东洋口镇六份头村 18 组
金银木	288	—	N32. 389 80，E121. 322 50	14	如东长沙镇北坎村 8 组（现港城中通道）
榔榆	289	—	N32. 389 20，E121. 317 70	5	如东长沙镇北坎村
罗汉松	290	—	N32. 236 00，E121. 290 40	22	如东大豫镇丁家店村 40 组 26 号潘裕林宅旁
桑	291	—	N32. 497 40，E120. 823 30	8	如东河口镇花园头居委会 24 组缪宏凡宅旁
罗汉松	292	66019	N32. 041 90，E121. 165 70	10	通州二甲镇余西居委会原余西中学
银杏	293	66018	N32. 041 90，E121. 165 70	10	通州二甲镇余西居委会原余西中学
紫薇	294	66055	N32. 037 10，E121. 162 60	15	通州二甲镇余西居余西小学

续　表

种名	序号	古树名木编号	GPS 地理坐标（°）	海拔(m)	小地名与位置描述
罗汉松	295	66054	N32.037 10，E121.162 60	15	通州二甲镇余西居余西小学
圆柏	296	66053	N32.037 10，E121.162 60	15	通州二甲镇余西居余西小学
银杏	297	66033	N32.037 70，E121.161 20	6	通州二甲镇光荣街（龙街西侧）
银杏	298	66032	N32.038 20，E121.162 80	8	通州二甲镇翻身街115号
雪松	299	—	N32.036 10，E121.164 60	10	通州二甲镇余西老玻璃厂
罗汉松	300	66012	N32.021 80，E121.113 80	7	通州二甲镇通运桥村袁灶小学
银杏	301	66052	N32.021 80，E121.113 80	7	通州二甲镇通运桥村袁灶小学
银杏	302	—	N32.020 00，E121.188 10	11	通州二甲镇托老院
银杏	303	—	N32.020 00，E121.188 10	11	通州二甲镇团结街60号陈蔚然宅旁
大叶榉树	304	—	N32.020 60，E121.189 60	15	通州二甲镇新市街孙建华家
大叶榉树	305	—	N32.020 60，E121.189 60	15	通州二甲镇新市街孙建华家
朴树	306	66044	N32.095 20，E121.184 40	42	通州东社镇东社居东街13组
银杏	307	66001	N32.095 80，E121.182 60	32	通州东社镇东社居3组东社市场
银杏	308	—	N32.058 78，E121.228 70	7	通州东社镇东平村4组周成木宅旁
朴树	309	—	N32.064 00，E121.223 80	19	通州东社镇东平村12组季玉江宅旁
银杏	310	—	N32.070 50，E121.226 70	14	通州东社镇东平村35组曹林宅旁

续　表

种名	序号	古树名木编号	GPS 地理坐标（°）	海拔(m)	小地名与位置描述
朴树	311	—	N32.073 10，E121.210 30	16	通州东社镇东平村 17 组曹广宅旁
银杏	312	—	N32.080 20，E121.222 20	17	通州东社镇东平村 28 组孙汉江宅旁
银杏	313	—	N32.080 20，E121.222 20	17	通州东社镇东平村 28 组孙汉江宅旁
柿树	314	—	N32.103 50，E121.214 90	8	通州东社镇苴西村 2 组徐子成宅旁
银杏	315	—	N32.102 01，E121.152 06	17	通州东社镇五马路村
大叶榉树	316	—	N32.109 59，E121.166 85	4	通州东社镇五马路村 12 组周勤宅后
银杏	317	—	N32.114 37，E121.127 87	17	通州东社镇五杨港居
银杏	318	66003	N32.137 12，E121.109 17	14	通州东社镇唐洪村 9 组慈云禅寺
银杏	319	66056	N32.149 25，E121.164 85	9	通州东社镇平和村 23 组严小俊宅旁
皂荚树	320	—	N32.135 04，E121.187 83	11	通州东社镇平和村 5 组秦卜年屋前
银杏	321	—	N32.159 39，E121.221 87	15	通州东社镇平和村
旱柳	322	—	N32.075 60，E121.106 60	18	通州金沙镇港北村 31 组
银杏	323	—	N32.064 70，E121.133 50	14	通州金沙镇港北村 52 组
银杏	324	—	N32.064 70，E121.133 50	14	通州金沙镇港北村 52 组
银杏	325	—	N32.064 70，E121.133 50	14	通州金沙镇港北村 52 组
银杏	326	—	N32.087 89，E121.106 20	23	通州仓沙街道港北 22 组刘育兰宅旁
银杏	327	—	N32.096 48，E121.063 63	19	通州仓沙街道南山寺
银杏	328	66014	N32.089 99，E121.073 83	30	通州金沙街道实验小学

续 表

种名	序号	古树名木编号	GPS 地理坐标（°）	海拔(m)	小地名与位置描述
银杏	329	66041	N32.049 30，E121.038 00	12	通州高新区博爱医院
银杏	330	66024	N32.042 00，E121.023 70	14	通州高新区正场村幼儿园
银杏	331	66034	N32.032 60，E121.009 00	13	通州高新区黄经堂西南
银杏	332	66047	N32.032 60，E121.009 00	13	通州高新区黄经堂西南
银杏	333	66048	N32.032 60，E121.009 00	13	通州高新区黄经堂西南
银杏	334	66049	N32.032 60，E121.009 00	13	通州高新区黄经堂西南
银杏	335	66058	N32.075 90，E121.018 60	25	通州高新区张謇校门西北
垂柳	336	—	N32.075 90，E121.018 60	25	通州高新区张謇校门西北
银杏	337	66059	N32.076 01，E121.018 66	20	通州高新区张謇校门西南围墙外
银杏	338	66031	N32.078 00，E121.020 00	14	通州高新区张謇校北校区
银杏	339	66027	N32.078 00，E121.020 00	14	通州高新区张謇校北校区
广玉兰	340	—	N32.078 00，E121.020 00	14	通州高新区张謇校北校区
广玉兰	341	—	N32.078 00，E121.020 00	14	通州高新区张謇校北校区
银杏	342	66060	N32.011 10，E121.981 50	23	通州先锋街道三圩头村灵峰寺
银杏	343	66061	N32.011 10，E121.981 50	23	通州先锋街道三圩头村灵峰寺
银杏	344	66013	N31.991 00，E121.949 40	13	通州先锋街道花园村老金山校货运站南
银杏	345	66038	N32.099 52，E120.939 67	13	通州兴仁镇兴仁居垃圾房东
银杏	346	66062	N32.117 60，E120.884 40	10	通州兴仁镇太阳殿村委东

续 表

种名	序号	古树名木编号	GPS 地理坐标（°）	海拔（m）	小地名与位置描述
黄杨	347	66017	N32. 082 80，E120. 914 40	21	通州兴仁镇长林桥村卫志云房后
黄杨	348	66016	N32. 082 80，E120. 914 40	21	通州兴仁镇长林桥村卫志云房后
银杏	349	66037	N32. 050 60，E120. 910 30	15	通州兴仁镇三庙村东郊庄园西后小庙旁
黄杨	350	—	N32. 050 60，E120. 910 30	15	通州兴仁镇三庙村东郊庄园西后小庙旁
银杏	351	66008	N32. 153 50，E120. 930 20	9	通州兴仁镇温桥村原韬奋小学现为温桥村村委
银杏	352	66009	N32. 197 40，E120. 998 20	46	通州十总镇育民村原沙坝小学
银杏	353	66015	N32. 210 20，E121. 007 40	11	通州十总镇东场村头总庙
银杏	354	66021	N32. 212 80，E121. 017 89	13	通州十总镇东场村原东场小学
银杏	355	66006	N32. 230 80，E121. 012 10	17	通州十总镇渡海亭村49组王金余宅旁
银杏	356	66020	N32. 228 70，E121. 032 60	18	通州十总镇渡海亭村原红墩校
银杏	357	66045	N32. 240 90，E120. 998 70	17	通州十总镇渡海亭村25组
枫杨	358	—	N32. 240 90，E120. 998 70	17	通州十总镇渡海亭村25组
毛泡桐	359	—	N32. 222 71，E120. 907 49	11	通州石港镇金庄村23组
银杏	360	—	N32. 220 00，E120. 902 64	12	通州石港镇金庄村 21 组陈华屋后
朴树	361	—	N32. 218 20，E120. 916 49	14	通州石港镇金庄村 2 组郑达明屋后
刺槐	362	—	N32. 240 29，E120. 905 26	9	通州石港镇金庄村 28 组沈长娥宅旁

续 表

种名	序号	古树名木编号	GPS 地理坐标（°）	海拔(m)	小地名与位置描述
银杏	363	—	N32. 208 14，E120. 900 85	12	通州石港镇江海村朱杰宅宅旁
桂花	364	66036	N32. 217 51，E120. 975 63	14	通州石港镇草市桥居草市桥路 42 号
银杏	365	66004	N32. 220 27，E120. 974 28	14	通州石港镇广济桥城隍庙
银杏	366	66005	N32. 219 74，E120. 977 52	20	通州石港镇广济桥都天庙
银杏	367	66002	N32. 219 67，E120. 977 04	22	通州石港镇广济桥佑圣宫
银杏	368	66007	N32. 220 75，E120. 979 41	24	通州石港镇广济桥铸管厂
银杏	369	66023	N32. 244 33，E120. 980 87	12	通州石港镇北渡桥 43 组尹淑均宅旁
银杏	370	66022	N32. 244 32，E120. 980 87	12	通州石港镇北渡桥 43 组尹淑均宅旁
银杏	371	66025	N32. 132 32，E120. 837 06	16	通州刘桥镇慎修村三圣寺
银杏	372	66039	N32. 099 54，E120. 701 33	16	通州五接镇桃源村云宝殿东
银杏	373	66040	N32. 099 54，E120. 701 33	16	通州五接镇桃源村云宝殿西
银杏	374	66043	N32. 069 33，E120. 693 66	22	通州五接镇李港幼儿园
雪松	375	—	N32. 069 33，E120. 693 66	22	通州五接镇李港幼儿园
银杏	376	66057	N32. 069 19，E120. 693 55	16	通州五接镇李港幼儿园
银杏	377	66035	N32. 069 19，E120. 693 55	16	通州五接镇李港幼儿园
银杏	378	66011	N32. 070 14，E120. 957 63	17	通州兴东街道西侧
银杏	379	66010	N32. 070 14，E120. 957 63	17	通州兴东街道东侧
银杏	380	66050	N32. 095 00，E120. 948 89	26	通州兴东街道紫星村原光明小学

续　表

种名	序号	古树名木编号	GPS 地理坐标（°）	海拔(m)	小地名与位置描述
银杏	381	66051	N32. 095 00，E120. 948 89	26	通州兴东街道紫星村原光明小学
雪松	382	—	N32. 095 00，E120. 948 89	26	通州兴东街道紫星村原光明小学
雪松	383	—	N32. 095 00，E120. 948 89	26	通州兴东街道紫星村原光明小学
桂花	384	—	N31. 966 60，E121. 164 00	9	海门三星镇新风村24组
银杏	385	—	N31. 969 40，E121. 188 10	11	海门三星镇瑞祥村11组秦周云
银杏	386	—	N31. 968 20，E121. 201 80	16	海门三星镇瑞祥村18组沈怀德
苏铁	387	—	N31. 969 40，E121. 214 90	26	海门三星镇金锁9组郁斌
黄杨	388	—	N31. 969 40，E121. 214 90	26	海门三星镇金锁9组郁斌
朴树	389	64012	N32. 003 40，E121. 441 60	12	海门悦来镇仲文村7组朱炳辉家
柿树	390	64004	N31. 979 20，E121. 452 30	16	海门悦来镇耀昌村27组古树名木
柿树	391	64005	N31. 979 20，E121. 452 30	16	海门悦来镇耀昌村27组古树名木
柿树	392	64006	N31. 979 20，E121. 452 30	16	海门悦来镇耀昌村27组古树名木
柿树	393	64007	N31. 979 20，E121. 452 30	16	海门悦来镇耀昌村27组古树名木
朴树	394	64013	N31. 887 50，E121. 436 20	10	海门临江镇阳应村28组施永辉家
朴树	395	—	N31. 887 50，E121. 436 20	10	海门临江镇阳应村28组施永辉家
旱柳	396	—	N31. 884 00，E121. 436 70	8	海门临江镇灵江村27组沟边

续 表

种名	序号	古树名木编号	GPS 地理坐标（°）	海拔(m)	小地名与位置描述
桑	397	—	N31.884 00，E121.436 70	8	海门临江镇灵江村 27 组沟边
银杏	398	—	N31.904 40，E121.290 80	19	海门三厂镇孝汉村 14 组蒋组平家
黄杨	399	—	N32.010 40，E121.338 70	14	海门余东镇木桩港 22 组顾炳生
黄杨	400	—	N32.010 40，E121.338 70	14	海门余东镇木桩港 22 组顾炳生
大叶榉树	401	—	N32.010 40，E121.338 70	14	海门余东镇木桩港 22 组顾炳生
银杏	402	—	N32.005 70，E121.315 20	6	海门余东镇新宇村 23 组王明辉
大叶榉树	403	—	N32.001 30，E121.305 40	5	海门余东镇新宇村 25 组钱宝新
大叶榉树	404	—	N32.001 30，E121.305 40	5	海门余东镇新宇村 25 组钱宝新
大叶榉树	405	—	N32.001 30，E121.305 40	5	海门余东镇新宇村 25 组钱宝新
大叶榉树	406	—	N32.001 40，E121.304 00	8	海门余东镇新宇村王裕忠
月桂	407	—	N32.010 30，E121.394 40	25	海门余东镇长圩村 7 组李竹新
月桂	408	—	N32.010 30，E121.394 40	25	海门余东镇长圩村 7 组李竹新
榔榆	409	—	N31.989 10，E121.348 30	17	海门余东镇新北 13 组潘
国槐	410	—	N32.000 10，E121.247 50	16	海门四甲镇合心村 27 组
国槐	411	—	N32.000 10，E121.247 50	16	海门四甲镇合心村 27 组
朴树	412	—	N31.998 40，E121.273 20	13	海门四甲镇合心村 18 组

续　表

种名	序号	古树名木编号	GPS 地理坐标（°）	海拔(m)	小地名与位置描述
桂花	413	64008	N32.017 30，E121.252 50	8	海门四甲镇合心村 2 组郭汝民
银杏	414	—	N32.006 40，E121.251 90	32	海门四甲镇合心村 7 组
银杏	415	64002	N31.934 80，E121.249 00	14	海门常乐镇张謇纪念馆
银杏	416	64003	N31.935 00，E121.240 00	16	海门常乐镇颐生村
朴树	417	—	N31.953 40，E121.342 20	6	海门常乐镇麒北村 35 组肖燕飞宅后
银杏	418	—	N31.848 80，E121.156 80	20	海门开发区高店村 12 组
桂花	419	—	N31.848 50，E121.146 80	14	海门开发区三圩村 1 组沈志成
柿树	420	—	N31.875 60，E121.097 90	8	海门开发区三和村 14 组龚振耀
枸骨	421	64009	N31.893 90，E121.174 00	19	海门市区东洲公园
朴树	422	—	N32.010 60，E121.487 90	12	海门包场镇凤飞村施林飞西山
银杏	423	—	N32.006 20，E121.483 80	14	海门包场镇凤飞村 15 组
朴树	424	—	N32.006 60，E121.483 90	10	海门包场镇凤飞村 15 组
柘树	425	—	N31.991 80，E121.458 10	9	海门包场镇轴西村 15 组
柘树	426	—	N31.991 80，E121.458 10	9	海门包场镇轴西村 15 组
银杏	427	—	N32.039 80，E121.504 50	13	海门包场镇头甲村服务中心旁
银杏	428	—	N32.039 80，E121.504 50	13	海门包场镇头甲村服务中心旁
银杏	429	—	N32.064 80，E121.352 10	23	海门正余镇双烈村 2 组
银杏	430	64001	N32.059 70，E121.331 30	14	海门正余镇绍隆寺

续 表

种名	序号	古树名木编号	GPS 地理坐标（°）	海拔（m）	小地名与位置描述
银杏	431	64010	N32.047 60，E121.308 60	15	海门正余镇河岸村 20 组俞于涵宅后
银杏	432	64011	N32.047 60，E121.308 60	15	海门正余镇河岸村 20 组俞于涵宅后
银杏	433	—	N32.053 50，E121.312 60	7	海门正余镇河岸村 12 组原中心校后
银杏	434	67191	N31.952 70，E120.884 90	3	狼山北麓园滴水岩
银杏	435	67192	N31.951 40，E120.886 90	9	狼山入山之门北（东株）
银杏	436	67196	N31.951 40，E120.886 90	9	狼山入山之门北（西株）
银杏	437	1045	N31.951 20，E120.886 00	17	狼山关帝庙南（东株）
银杏	438	67193	N31.951 20，E120.886 00	17	狼山关帝庙南（西株）
大叶榉树	439	新增	N31.951 00，E120.885 40	15	狼山
大叶榉树	440	新增	N31.951 00，E120.885 40	15	狼山
银杏	441	67044	N31.951 10，E120.884 50	24	狼山法乳堂大悲殿西
银杏	442	67046	N31.951 10，E120.884 50	24	狼山法乳堂大悲殿东
圆柏	443	67118	N31.951 20，E120.884 60	20	狼山法乳堂前（西南）
银杏	444	67047	N31.951 20，E120.884 60	20	狼山法乳堂前（东南）
大叶榉树	445	67131	N31.951 40，E120.884 30	36	狼山三贤祠藏经楼旁
大叶榉树	446	67130	N31.951 40，E120.884 30	36	狼山三贤祠藏经楼旁
大叶榉树	447	67121	N31.951 50，E120.884 10	44	狼山法聚庵大门前北侧
银杏	448	67120	N31.951 50，E120.884 10	44	狼山法聚庵大门东
银杏	449	67119	N31.951 50，E120.884 10	44	狼山法聚庵大门东
大叶榉树	450	67129	N31.951 60，E120.884 30	12	狼山三贤祠东
大叶榉树	451	67128	N31.951 40，E120.883 80	38	狼山法聚庵南坡
大叶榉树	452	67122	N31.951 40，E120.883 50	44	狼山法聚庵内西头
银杏	453	67154	N31.951 82，E120.883 81	40	狼山法聚庵西围墙外
圆柏	454	67123	N31.951 60，E120.884 00	40	狼山法聚庵大门北围墙外

续 表

种名	序号	古树名木编号	GPS 地理坐标（°）	海拔(m)	小地名与位置描述
侧柏	455	67045	N31.951 60，E120.884 30	53	狼山平倭碑旁
大叶榉树	456	67124	N31.951 60，E120.884 30	53	狼山平倭碑东（西株）
大叶榉树	457	67125	N31.951 60，E120.884 30	53	狼山平倭碑东（东株）
圆柏	458	67143	N31.951 80，E120.884 30	54	狼山沙淦亭旁
圆柏	459	1046	N31.951 80，E120.884 30	63	狼山望江亭西
圆柏	460	新增	N31.951 90，E120.883 90	53	狼山
大叶榉树	461	2129	N31.952 20，E120.883 90	72	狼山四贤祠前入口
银杏	462	67159	N31.952 20，E120.883 90	72	狼山四贤祠御碑亭
罗汉松	463	67160	N31.952 30，E120.884 10	73	狼山四贤祠内
银杏	464	67156	N31.952 30，E120.884 20	70	狼山四贤祠南
大叶榉树	465	67166	N31.952 44，E120.883 80	71	狼山振衣亭旁
大叶榉树	466	67167	N31.952 10，E120.883 30	73	狼山和尚墓南
大叶榉树	467	67168	N31.952 10，E120.883 30	73	狼山和尚墓南
圆柏	468	67181	N31.952 10，E120.882 80	83	狼山白雅西墓旁
圆柏	469	67165	N31.952 20，E120.882 50	87	狼山振衣亭旁
圆柏	470	67164	N31.952 30，E120.882 20	96	狼山大观台西（山顶出口前）
银杏	471	67197	N31.952 40，E120.882 40	100	狼山翠景楼
黄连木	472	67184	N31.952 30，E120.882 60	113	狼山望江亭北坡
柞木	473	67052	N31.952 40，E120.883 30	97	狼山上山索道上站
大叶榉树	474	新增	N31.952 00，E120.883 50	79	狼山
大叶榉树	475	67161	N31.952 43，E120.884 33	70	狼山四贤祠前（宣传栏东侧）
银杏	476	67139	N31.951 90，E120.884 60	75	狼山望江亭
银杏	477	67138	N31.951 90，E120.884 60	75	狼山望江亭
圆柏	478	67142	N31.951 90，E120.884 60	75	狼山望江亭

续 表

种名	序号	古树名木编号	GPS 地理坐标（°）	海拔（m）	小地名与位置描述
柞木	479	67050	N31.951 90，E120.884 60	75	狼山望江亭
银杏	480	67136	N31.951 90，E120.884 60	75	狼山望江亭
银杏	481	67137	N31.951 90，E120.884 60	75	狼山望江亭
银杏	482	67048	N31.952 00，E120.885 10	63	狼山望江亭
银杏	483	67049	N31.952 00，E120.885 10	63	狼山望江亭
银杏	484	67135	N31.952 00，E120.885 10	63	狼山望江亭
朴树	485	67182	N31.952 30，E120.884 60	74	狼山望江亭北坡
大叶榉树	486	67145	N31.952 30，E120.884 60	74	狼山望江亭（四贤祠北围墙外）
圆柏	487	67190	N31.952 65，E120.885 22	63	狼山望江亭北坡
银杏	488	67134	N31.951 70，E120.885 40	61	狼山望江亭南坡
柞木	489	新增	N31.951 70，E120.885 40	61	狼山望江亭南坡
雪松	490	新增	N31.951 70，E120.885 10	65	狼山望江亭南坡
黄连木	491	67133	N31.951 70，E120.885 10	65	狼山望江亭南坡
朴树	492	—	N32.030 90，E120.780 50	2	港闸城市绿谷
乌桕	493	68027	N32.030 80，E120.780 30	13	港闸城市绿谷
朴树	494	68026	N32.030 80，E120.780 30	13	港闸城市绿谷
女贞	495	新增	N32.030 80，E120.780 30	13	港闸城市绿谷
日本珊瑚树	496	新增	N32.030 60，E120.780 30	13	港闸城市绿谷
香樟	497	—	N32.030 70，E120.780 50	13	港闸城市绿谷
黑松	498	新增	N32.030 50，E120.780 30	13	港闸城市绿谷
朴树	499	2198	N32.030 10，E120.780 20	12	港闸城市绿谷
刺槐	500	新增	N32.030 10，E120.780 30	15	港闸城市绿谷
女贞	501	68025	N32.030 10，E120.780 30	15	港闸城市绿谷
柳杉	502	68032	N32.030 40，E120.780 70	13	港闸城市绿谷

续 表

种名	序号	古树名木编号	GPS 地理坐标（°）	海拔(m)	小地名与位置描述
罗汉松	503	2203	N32.030 90，E120.780 50	2	港闸城市绿谷
龙柏	504	2194	N32.030 30，E120.781 10	10	港闸城市绿谷
雪松	505	2042	N32.030 00，E120.781 00	12	港闸城市绿谷
雪松	506	2043	N32.030 00，E120.781 00	12	港闸城市绿谷
雪松	507	2044	N32.030 00，E120.781 00	12	港闸城市绿谷
大叶榉树	508	68010	N32.030 08，E120.780 70	14	港闸城市绿谷
大叶榉树	509	68009	N32.030 08，E120.780 70	14	港闸城市绿谷
龙柏	510	68019	N32.030 00，E120.781 28	11	港闸城市绿谷
龙柏	511	68037	N32.030 00，E120.781 28	11	港闸城市绿谷
龙柏	512	68035	N32.030 00，E120.781 28	11	港闸城市绿谷
龙柏	513	68036	N32.030 00，E120.781 28	11	港闸城市绿谷
龙柏	514	68031	N32.030 00，E120.781 28	11	港闸城市绿谷
朴树	515	新增	N32.030 90，E120.781 10	13	港闸城市绿谷
银杏	516	—	N32.030 20，E120.782 70	9	港闸城市绿谷
银杏	517	—	N32.030 20，E120.782 70	9	港闸城市绿谷
香樟	518	2202	N32.030 00，E120.783 00	14	港闸城市绿谷
银杏	519		N32.029 90，E120.783 30	16	港闸城市绿谷
枫杨	520	新增	N32.029 50，E120.783 10	13	港闸城市绿谷
银杏	521	新增	N32.029 80，E120.783 60	13	港闸城市绿谷
银杏	522	新增	N32.029 80，E120.783 60	13	港闸城市绿谷
榔榆	523	新增	N32.029 20，E120.784 00	12	港闸城市绿谷
榔榆	524	新增	N32.029 30，E120.783 80	8	港闸城市绿谷
重阳木	525	新增	N32.029 20，E120.783 30	11	港闸城市绿谷
重阳木	526	新增	N32.029 20，E120.783 30	11	港闸城市绿谷
重阳木	527	新增	N32.029 20，E120.783 30	11	港闸城市绿谷
重阳木	528	新增	N32.029 20，E120.783 30	11	港闸城市绿谷

续　表

种名	序号	古树名木编号	GPS 地理坐标（°）	海拔(m)	小地名与位置描述
苦楝	529	新增	N32.064 30，E120.800 10	22	港闸唐闸古镇
银杏	530	新增	N32.066 40，E120.808 40	22	港闸唐闸镇街道南通市第二中学
银杏	531	新增	N32.066 00，E120.809 00	15	港闸唐闸镇街道南通市第二中学
大叶榉树	532	新增	N32.066 00，E120.809 00	15	港闸唐闸镇街道南通市第二中学
罗汉松	533	68001	N32.068 90，E120.829 60	22	港闸唐闸镇街道普贤寺
银杏	534	新增	N32.068 90，E120.829 60	22	港闸唐闸镇街道普贤寺
银杏	535	新增	N32.068 90，E120.829 60	22	港闸唐闸镇街道普贤寺
银杏	536	68002	N32.107 40，E120.857 70	15	港闸幸福街道无量殿
皂荚	537	新增	N32.091 30，E120.855 80	15	港闸幸福街道
银杏	538	68004	N32.089 40，E120.858 40	16	港闸幸福街道仇观堂
银杏	539	68003	N32.089 40，E120.858 40	16	港闸幸福街道仇观堂
银杏	540	68007	N32.064 80，E120.861 30	15	港闸原秦西小学
银杏	541	68005	N32.064 80，E120.861 30	15	港闸原秦西小学
银杏	542	68006	N32.064 80，E120.861 30	15	港闸原秦西小学
朴树	543	新增	N31.953 60，E120.872 30	24	园博园马鞍山
朴树	544	新增	N31.953 50，E120.872 30	30	园博园马鞍山
香樟	545	新增	N31.953 60，E120.872 50	38	园博园马鞍山
银杏	546	67054	N31.952 10，E120.876 36	32	园博园马鞍山虞楼
银杏	547	67208	N31.952 10，E120.876 36	32	园博园马鞍山虞楼
银杏	548	67209	N31.952 10，E120.876 36	32	园博园马鞍山虞楼
朴树	549	新增	N31.951 50，E120.876 20	48	园博园马鞍山
香樟	550	67103	N31.967 60，E120.904 50	10	崇川啬园张骞墓
香樟	551	67104	N31.967 60，E120.904 50	10	崇川啬园张骞墓
罗汉松	552	—	N31.967 60，E120.904 50	10	崇川啬园张骞墓

续　表

种名	序号	古树名木编号	GPS 地理坐标（°）	海拔(m)	小地名与位置描述
白杜	553	新增	N31.967 60，E120.904 50	10	崇川啬园张謇墓
黄金树	554	新增	N31.967 60，E120.904 50	10	崇川啬园张謇墓
乌桕	555	新增	N31.967 60，E120.904 50	10	崇川啬园张謇墓
黄山栾树（全缘叶栾树）	556	新增	N31.967 60，E120.904 50	10	崇川啬园张謇墓
日本柳杉	557	新增	N31.967 60，E120.904 50	10	崇川啬园张謇墓
罗汉松	558	新增	N31.967 60，E120.904 50	10	崇川啬园张謇墓
赤松	559	2176	N31.967 60，E120.904 50	10	崇川啬园张謇墓
广玉兰	560	—	N31.967 60，E120.904 50	10	崇川啬园张謇墓
池杉	561	1047	N31.967 60，E120.904 50	10	崇川啬园张謇墓
银杏	562	—	N31.967 60，E120.904 50	10	崇川啬园张謇墓
石楠	563	—	N31.967 60，E120.904 50	10	崇川啬园张謇墓
日本柳杉	564	67106	N31.967 60，E120.904 50	10	崇川啬园张謇墓
雪松	565	67107	N31.967 60，E120.904 50	10	崇川啬园张謇墓
龙柏	566	新增	N31.967 60，E120.904 50	10	崇川啬园张謇墓
紫薇	567	新增	N31.967 60，E120.904 50	10	崇川啬园张謇墓
银杏	568	新增	N31.967 60，E120.904 50	10	崇川啬园张謇墓
银杏	569	新增	N31.968 70，E120.903 90	16	崇川啬园
大叶榉树	570	新增	N31.968 70，E120.903 90	16	崇川啬园
柘树	571	新增	N31.969 00，E120.903 80	16	崇川啬园家眷墓
香樟	572	新增	N31.969 00，E120.903 80	16	崇川啬园家眷墓
银杏	573	新增	N31.967 00，E120.905 50	11	崇川啬园
香樟	574	新增	N31.967 10，E120.902 90	21	崇川啬园
银杏	575	67033	N31.981 00，E120.911 13	10	崇川曹顶墓
银杏	576	67034	N31.981 00，E120.911 13	10	崇川曹顶墓

续　表

种名	序号	古树名木编号	GPS 地理坐标（°）	海拔(m)	小地名与位置描述
银杏	577	67035	N31.986 14，E120.905 39	10	崇川陆洪闸小学
银杏	578	67021	N31.992 50，E120.856 20	15	崇川梅观堂
银杏	579	67022	N31.992 50，E120.856 20	15	崇川梅观堂
银杏	580	67027	N32.012 60，E120.828 50	15	崇川原酿造厂西（天后宫旁）
银杏	581	67028	N32.012 60，E120.828 50	15	崇川原酿造厂西（天后宫旁）
银杏	582	67083	N32.012 60，E120.828 50	15	崇川原酿造厂西（天后宫旁）
银杏	583	67082	N32.012 60，E120.828 50	15	崇川原酿造厂西（天后宫内）
银杏	584	67084	N32.012 60，E120.828 50	15	崇川原酿造厂西（天后宫内）
银杏	585	67086	N32.019 08，E120.843 80	19	崇川江苏省南通市一中
银杏	586	67023	N32.018 10，E120.831 90	23	崇川天南大酒店
罗汉松	587	67001	N32.034 70，E120.852 80	16	崇川尚德城邦（原钟秀小学）
银杏	588	67113	N32.034 70，E120.852 80	16	崇川尚德城邦（原钟秀小学）
银杏	589	67091	N32.027 90，E120.892 80	18	崇川佛教居士林
银杏	590	67009	N32.021 00，E120.879 27	17	崇川龙王桥东路南侧
银杏	591	67040	N32.017 70，E120.868 90	19	崇川南通市城中小学
银杏	592	67041	N32.017 70，E120.868 90	19	崇川南通市城中小学
银杏	593	67061	N32.019 20，E120.869 60	23	崇川延寿庵
银杏	594	67062	N32.019 20，E120.869 60	23	崇川延寿庵
银杏	595	67004	N32.013 80，E120.868 00	13	崇川原晶体管厂
银杏	596	67003	N32.013 80，E120.868 00	13	崇川原晶体管厂
银杏	597	67013	N32.013 80，E120.868 00	13	崇川原晶体管厂
银杏	598	1014	N32.013 10，E120.864 60	6	崇川博物苑南门

续 表

种名	序号	古树名木编号	GPS 地理坐标（°）	海拔(m)	小地名与位置描述
银杏	599	67081	N32.013 60，E120.864 60	13	崇川博物苑南门北
银杏	600	67080	N32.013 60，E120.864 60	13	崇川博物苑南门北
银杏	601	67079	N32.013 60，E120.864 60	13	崇川博物苑南门北
银杏	602	67078	N32.013 60，E120.864 60	13	崇川博物苑南门北
紫藤	603	67096	N32.014 30，E120.864 60	24	崇川博物苑
紫藤	604	67097	N32.014 30，E120.864 60	24	崇川博物苑
罗汉松	605	67055	N32.014 60，E120.864 60	17	崇川博物苑濠南别业北侧
厚壳树	606	67095	N32.014 60，E120.864 60	17	崇川博物苑张謇房后
广玉兰	607	67094	N32.014 60，E120.864 60	17	崇川博物苑张謇房后
榔榆	608	67099	N32.014 20，E120.865 50	17	崇川博物苑
三角枫	609	67102	N32.014 30，E120.866 10	18	崇川博物苑
罗汉松	610	67077	N32.014 00，E120.865 50	24	崇川博物苑
大叶榉树	611	67101	N32.013 70，E120.866 40	20	崇川博物苑
朴树	612	67100	N32.012 40，E120.866 40	15	崇川博物苑
乌桕	613	新增	N32.012 60，E120.865 70	11	崇川博物苑
银杏	614	67124	N32.014 30，E120.863 50	18	崇川南通市老年大学（原通师一附）
银杏	615	67002	N32.011 40，E120.860 50	11	崇川通大附院停车场
银杏	616	67015	N32.011 70，E120.859 70	15	崇川西寺
银杏	617	新增	N32.011 70，E120.859 70	15	崇川西寺
银杏	618	67016	N32.012 55，E120.860 14	13	崇川南通日报社内
银杏	619	67117	N32.014 20，E120.855 64	27	崇川西被闸绿地
银杏	620	67024	N32.015 70，E120.853 40	18	崇川原跃龙桥小学
银杏	621	67029	N32.015 30，E120.854 00	29	崇川原长城饭店后
银杏	622	67032	N32.015 98，E120.850 53	17	崇川将军园
银杏	623	67025	N32.017 70，E120.847 80	47	崇川花园角 7 号楼东
银杏	624	67026	N32.017 60，E120.847 70	27	崇川原农机公司后

续　表

种名	序号	古树名木编号	GPS 地理坐标（°）	海拔（m）	小地名与位置描述
银杏	625	67068	N32.017 60，E120.847 70	27	崇川原农机公司后
银杏	626	67069	N32.017 60，E120.847 70	27	崇川原农机公司后
银杏	627	67019	N32.019 00，E120.863 50	16	崇川玄庙观
银杏	628	67059	N32.019 00，E120.863 50	16	崇川玄庙观
银杏	629	67058	N32.019 00，E120.863 50	16	崇川玄庙观
银杏	630	67212	N32.019 00，E120.863 50	16	崇川玄庙观
银杏	631	67213	N32.019 00，E120.863 50	16	崇川玄庙观
银杏	632	67211	N32.019 00，E120.863 50	16	崇川玄庙观
银杏	633	67005	N32.020 60，E120.864 20	17	崇川群艺馆
银杏	634	67006	N32.020 60，E120.864 20	17	崇川群艺馆
银杏	635	67007	N32.020 60，E120.864 20	17	崇川群艺馆
银杏	636	67114	N32.020 60，E120.864 20	17	崇川群艺馆
朴树	637	67072	N32.020 60，E120.864 20	17	崇川群艺馆
银杏	638	67087	N32.024 80，E120.863 10	15	崇川南通市实验中学
银杏	639	67088	N32.024 80，E120.863 10	15	崇川南通市实验中学
银杏	640	67074	N32.025 60，E120.863 20	10	崇川水关花园
朴树	641	67116	N32.025 00，E120.859 90	12	崇川北濠绿地（北极苑外）
黄金树	642	67115	N32.022 50，E120.859 60	21	崇川南通中学
楸树	643	67037	N32.022 80，E120.859 30	20	崇川南通中学
银杏	644	67018	N32.022 50，E120.859 00	14	崇川天宁寺
银杏	645	67017	N32.022 50，E120.859 00	14	崇川天宁寺
银杏	646	67067	N32.023 00，E120.858 70	18	崇川天宁寺
银杏	647	67066	N32.023 00，E120.858 70	18	崇川天宁寺
银杏	648	67085	N32.020 60，E120.858 80	19	崇川寺街 59 号
日本五针松	649	67070	N32.026 80，E120.865 40	14	崇川城隍庙
银杏	650	67011	N32.026 82，E120.866 66	13	崇川花好月圆饭店内

续　表

种名	序号	古树名木编号	GPS 地理坐标（°）	海拔(m)	小地名与位置描述
银杏	651	67010	N32.022 10，E120.867 90	18	崇川友谊桥东绿地
银杏	652	67020	N32.023 40，E120.866 30	21	崇川交警支队北
银杏	653	67057	N32.028 50，E120.866 90	13	崇川濠北路 51 号 6 幢北
雪松	654	67075	N32.014 60，E120.859 20	10	崇川老干部局内
广玉兰	655	67076	N32.014 60，E120.859 20	10	崇川老干部局内
银杏	656	67060	N32.002 78，E120.866 60	22	崇川原城南小学对面
黄连木	657	新增	N31.943 50，E120.900 20	44	军山
枫杨	658	新增	N31.943 50，E120.899 50	50	军山
枫杨	659	新增	N31.943 60，E120.899 40	57	军山
黄连木	660	新增	N31.942 70，E120.897 70	91	军山
枫杨	661	新增	N31.942 70，E120.897 70	91	军山
黄杨	662	新增	N31.942 20，E120.896 98	108	军山山顶气象台
银杏	663	新增	N31.941 90，E120.896 70	122	军山原普陀别院（现翡翠观音寺）
银杏	664	新增	N31.941 90，E120.896 70	122	军山原普陀别院（现翡翠观音寺）
重阳木	665	新增	N31.941 90，E120.896 70	122	军山原普陀别院（现翡翠观音寺）
银杏	666	67198	N31.942 50，E120.897 00	128	军山山顶气象台后围墙外
大叶榉树	667	新增	N31.941 20，E120.896 90	97	军山
银杏	668	67200	N31.941 00，E120.899 00	14	军山东奥山庄
银杏	669	67201	N31.941 00，E120.899 00	14	军山东奥山庄
银杏	670	67202	N31.941 00，E120.899 00	14	军山东奥山庄
银杏	671	67203	N31.941 00，E120.899 00	14	军山东奥山庄
银杏	672	67204	N31.941 00，E120.899 00	14	军山东奥山庄

续　表

种名	序号	古树名木编号	GPS 地理坐标（°）	海拔(m)	小地名与位置描述
银杏	673	67205	N31.941 00，E120.899 00	14	军山东奥山庄
银杏	674	67063	N32.010 80，E120.862 70	19	崇川伶工学社
银杏	675	67064	N32.010 80，E120.862 70	19	崇川伶工学社
银杏	676	67065	N32.010 80，E120.862 70	19	崇川伶工学社
银杏	677	67008	N32.011 60，E120.864 70	21	崇川兴国道观
罗汉松	678	67014	N32.013 20，E120.870 70	16	崇川文峰塔旁
银杏	679	67038	N32.019 60，E120.872 80	18	崇川三山公寓
银杏	680	67039	N32.019 60，E120.872 80	18	崇川三山公寓
罗汉松	681	67071	N32.015 20，E120.860 30	18	崇川濠阳小筑
广玉兰	682	67093	N32.011 48，E120.860 18	15	崇川西濠绿地
黄杨	683	67073	N32.016 35，E120.859 77	16	崇川南关帝庙巷 42 号

表 4－10　南通市古树名木种质资源基本特征详表

种名	序号	胸径(cm)	枝下高(m)	树高(m)	平均冠幅(m)	性别	树龄
银杏	1	170.1	2.1	22.0	19.5	雌株	667
银杏	2	149.7	4.8	23.0	10.5	雌株	667
银杏	3	71.5	3.0	20.0	16.5	雄株	127
银杏	4	97.8	2.6	25.0	16.5	雌株	477
银杏	5	96.8	3.8	24.0	16.5	雌株	667
银杏	6	101.9	2.3	24.0	16.5	雌株	667
香樟	7	102.7	4.0	8.9	13.5	雌雄同株	140
香樟	8	89.5	1.0	10.2	15.5	雌雄同株	110
黄连木	9	53.5 *	1.0	4.8	5.0	雄株	100
紫薇	10	54.1 *	1.6	8.4	6.0	雌雄同株	147
蜡梅	11	49.0 *	—	3.8	6.5	雌雄同株	127
黄杨	12	15.0 *	—	3.5	8.0	雌雄同株	127

续 表

种名	序号	胸径(cm)	枝下高(m)	树高(m)	平均冠幅(m)	性别	树龄
广玉兰	13	83.9	2.0	18.0	11.5	雌雄同株	127
桂花	14	14.3	—	3.8	5.5	雌雄同株	127
桂花	15	13.4	—	3.5	5.5	雌雄同株	127
香樟	16	61.8	2.2	20.0	15.5	雌雄同株	100
银杏	17	59.0	3.5	20.0	14.5	雄株	227
桂花	18	24.5 *	0.6	4.0	6.5	雌雄同株	127
广玉兰	19	39.7	3.2	9.2	10.5	雌雄同株	100
龙柏	20	45.2 *	0.1	3.5	6.5	雌雄同株	100
苏铁	21	33.1	1.5	2.5	2.0	雌株	132
苏铁	22	30.0	1.6	2.5	2.0	雌株	132
池杉	23	53.5	5.5	18.5	10.0	雌雄同株	100
雪松	24	62.7	1.5	15.0	16.5	雌雄同株	100
广玉兰	25	44.3	2.8	18.0	11.5	雌雄同株	127
朴树	26	59.7	3.0	18.0	19.5	雌雄同株	137
冬青卫矛	27	24.2	1.7	5.5	5.5	雌雄同株	127
广玉兰	28	49.7	3.0	16.0	10.5	雌雄同株	127
广玉兰	29	49.4	2.6	17.0	11.0	雌雄同株	127
银杏	30	67.8	3.5	22.0	14.5	雄株	227
朴树	31	67.2	2.4	15.0	16.5	雌雄同株	157
银杏	32	65.3	2.8	14.0	10.5	雌株	227
朴树	33	44.3	5.8	17.0	11.5	雌雄同株	137
朴树	34	49.4	3.4	17.0	11.5	雌雄同株	137
朴树	35	55.1	5.0	16.0	11.5	雌雄同株	137
银杏	36	96.5	4.5	23.0	17.5	雌株	667
银杏	37	161.1	5.3	24.0	17.5	雄株	667
银杏	38	68.0	1.3	18.5	11.5	雌株	307

续 表

种名	序号	胸径（cm）	枝下高（m）	树高（m）	平均冠幅（m）	性别	树龄
柞木	39	48.0	1.3	7.5	5.0	雄株	100
朴树	40	54.3	6.8	10.8	6.0	雌雄同株	130
朴树	41	79.9	3.5	9.2	7.0	雌雄同株	160
柞木	42	36.0	1.4	7.8	6.5	雄株	100
枇杷	43	24.9	1.6	6.5	4.1	雌雄同株	120
大叶榉树	44	37.3	3.8	14.0	11.0	雌雄同株	100
大叶榉树	45	47.8	3.2	15.0	11.0	雌雄同株	130
大叶榉树	46	48.9	3.0	14.0	11.5	雌雄同株	130
大叶榉树	47	54.9	3.5	15.5	12.0	雌雄同株	150
白杜	48	49.1	1.6	10.0	9.0	雌雄同株	100
臭椿	49	42.1	0.7	12.0	11.0	雌雄同株	106
大叶榉树	50	55.0	2.8	15.0	11.5	雌雄同株	150
银杏	51	76.0	5.2	15.0	12.5	雄株	100
柿	52	25.2	1.8	5.0	2.5	雌雄同株	300
广玉兰	53	98.9	1.2	10.0	8.5	雌雄同株	200
朴树	54	73.7	2.0	15.0	15.0	雌雄同株	130
银杏	55	71.4	5.0	13.0	9.5	雄株	160
红花檵木	56	49.2	0.6	2.2	2.0	雌雄同株	150
榔榆	57	47.2	1.8	9.0	8.0	雌雄同株	100
榔榆	58	46.5	2.1	9.0	7.5	雌雄同株	100
国槐	59	59.4	2.0	12.0	13.0	雌雄同株	100
榆树	60	64.4	3.6	15.0	11.0	雌雄同株	130
朴树	61	83.8	5.2	14.0	13.0	雌雄同株	140
龙柏	62	50.0	4.5	10.0	4.5	雌雄同株	120
圆柏	63	33.4	4.4	13.0	8.5	雌雄同株	100
榆树	64	67.2	1.9	14.0	12.5	雌雄同株	100

续　表

种名	序号	胸径(cm)	枝下高(m)	树高(m)	平均冠幅(m)	性别	树龄
黄檀	65	30.3	1.9	8.5	4.5	雌雄同株	100
银杏	66	100.1	3.5	10.5	6.8	雌株	300
银杏	67	96.3	4.0	14.0	12.5	雌株	300
银杏	68	83.8	2.3	12.5	5.5	雄株	500
紫薇	69	112.4	2.2	5.1	6.0	雌雄同株	650
贵州石楠	70	90.0	1.5	7.5	6.0	雌雄同株	100
紫薇	71	180.0	1.7	4.0	5.5	雌雄同株	300
罗汉松	72	45.0	1.2	8.0	5.0	雄株	250
贵州石楠	73	100.0	1.7	8.0	7.0	雌雄同株	110
银杏	74	64.0	4.5	16.7	10.5	雌株	140
桂花	75	38.0 *	0.3	8.0	5.0	雌雄同株	140
黄杨	76	51.6 *	0.5	4.0	8.5	雌雄同株	160
圆柏	77	54.0 *	0.5	5.5	7.0	雌雄同株	120
银杏	78	53.2	5.8	16.1	9.0	雌株	120
银杏	79	63.7	6.3	18.0	14.0	雌株	130
银杏	80	44.9	3.6	12.0	8.5	雌株	125
银杏	81	79.3	5.9	21.0	11.5	雄株	360
银杏	82	89.5	6.0	14.0	10.0	雌株	410
黄杨	83	29.3 *	0.1	3.8	5.0	雌雄同株	130
银杏	84	55.7	3.5	19.3	9.5	雌株	130
银杏	85	59.2	4.0	19.5	10.5	雄株	130
香樟	86	91.1 *	0.6	16.5	11.0	雌雄同株	140
黄杨	87	31.2 *	0.2	2.5	7.0	雌雄同株	100
银杏	88	53.7	5.3	17.2	9.5	雌株	110
桂花	89	33.6 *	0.4	3.8	5.5	雌雄同株	140
柘树	90	30.6	1.2	9.0	8.0	雄株	110

续　表

种名	序号	胸径(cm)	枝下高(m)	树高(m)	平均冠幅(m)	性别	树龄
银杏	91	63.2	6.0	13.0	8.0	雌株	118
大叶榉树	92	37.3	3.8	10.0	8.5	雌雄同株	110
大叶榉树	93	36.9	3.2	10.0	8.5	雌雄同株	110
银杏	94	66.2	4.8	15.0	11.5	雄株	110
柿树	95	21.0	1.8	5.5	5.5	雌雄同株	121
银杏	96	64.2	3.6	13.0	7.5	雌株	140
银杏	97	58.9	1.9	15.0	10.0	雄株	218
银杏	98	88.1	2.5	15.0	11.5	雌株	310
银杏	99	143.2	3.9	12.0	10.0	雌株	310
大叶榉树	100	74.4	6.7	15.0	12.5	雌雄同株	155
重阳木	101	68.0	3.6	10.0	10.5	雌株	100
银杏	102	139.2	5.0	14.0	10.0	雌株	1000
银杏	103	60.5	4.2	16.0	12.5	雌株	130
银杏	104	61.1	2.2	16.0	12.0	雄株	130
银杏	105	64.0	4.0	18.0	9.5	雌株	100
银杏	106	62.7	8.0	18.7	11.5	雄株	123
银杏	107	63.4	3.2	18.5	12.5	雄株	112
银杏	108	49.7	6.4	17.9	11.5	雌株	112
大叶榉树	109	43.9	5.2	17.5	10.5	雌雄同株	110
大叶榉树	110	34.4	5.3	17.2	10.5	雌雄同株	110
银杏	111	90.4	5.8	9.5	10.0	雌株	208
银杏	112	77.5	5.8	18.7	11.5	雄株	112
银杏	113	61.8	5.0	17.8	13.5	雌株	100
银杏	114	61.6	5.3	13.9	10.0	雌株	130
银杏	115	61.1	3.6	10.2	10.5	雌株	120
银杏	116	65.4	4.8	16.5	10.5	雌株	115

续　表

种名	序号	胸径 (cm)	枝下高 (m)	树高 (m)	平均冠幅 (m)	性别	树龄
柘树	117	29.5	2.5	7.8	8.5	雄株	100
银杏	118	64.6	4.5	9.0	8.5	雌株	125
银杏	119	72.0	5.2	21.0	14.0	雄株	120
银杏	120	59.7	4.2	16.0	10.5	雌株	110
银杏	121	96.3	3.8	18.9	13.5	雌株	123
银杏	122	64.0	4.6	13.0	10.0	雌株	116
银杏	123	57.6	5.2	18.8	10.0	雌株	130
银杏	124	64.2	4.8	17.5	12.5	雌株	145
银杏	125	61.6	3.0	18.2	10.5	雌株	140
银杏	126	84.1	3.8	18.4	11.5	雌株	125
银杏	127	116.2	2.0	14.5	10.0	雄株	330
银杏	128	86.3	2.5	16.8	12.5	雌株	150
银杏	129	149.4	1.6	15.0	15.5	雄株	660
银杏	130	81.2	3.8	18.0	12.0	雄株	160
银杏	131	73.6	2.4	16.9	13.5	雄株	100
大叶榉树	132	47.9	5.6	18.0	12.5	雌雄同株	120
槐树	133	50.3	1.2	4.2	6.5	雌雄同株	1 210
旱柳	134	74.2	2.1	6.0	9.0	雌雄同株	130
银杏	135	141.2	3.2	29.2	15.5	雌株	1 200
银杏	136	76.4	5.4	25.0	11.5	雄株	150
银杏	137	118.5	2.8	27.0	15.5	雌株	460
银杏	138	256.7	2.3	23.7	17.0	雄株	1 510
银杏	139	72.0	4.7	22.0	16.0	雄株	110
银杏	140	75.0	4.9	18.0	14.0	雄株	112
银杏	141	213.0	5.8	21.0	24.0	雄株	1 000
银杏	142	76.0	4.8	15.5	14.0	雌株	510

续　表

种名	序号	胸径(cm)	枝下高(m)	树高(m)	平均冠幅(m)	性别	树龄
银杏	143	120.0	5.6	28.0	14.0	雄株	590
银杏	144	98.1	3.8	23.0	13.0	雌株	268
银杏	145	98.6	3.4	23.0	13.5	雌株	268
银杏	146	68.2	3.2	26.0	13.5	雌株	110
银杏	147	73.9	3.4	26.0	13.5	雌株	113
银杏	148	222.9	2.4	25.7	22.5	雄株	1 308
银杏	149	90.0	6.3	26.0	13.5	雌株	160
银杏	150	74.5	5.8	22.0	11.5	雌株	130
银杏	151	62.1	4.8	23.0	12.0	雌株	115
银杏	152	75.5	4.6	15.0	12.5	雄株	110
女贞	153	63.0	4.8	18.0	14.0	雌雄同株	160
大叶榉树	154	34.1	4.2	18.0	12.0	雌雄同株	120
大叶梓树	155	70.1	1.4	5.6	8.5	雌雄同株	208
银杏	156	96.2	4.2	18.0	16.5	雄株	168
朴树	157	51.9	3.8	18.0	13.5	雌雄同株	160
银杏	158	99.0	4.7	16.0	16.0	雄株	208
大叶榉树	159	59.0	4.1	22.0	11.0	雌雄同株	118
朴树	160	82.2	5.0	25.0	13.5	雌雄同株	150
银杏	161	75.2	5.0	23.0	12.5	雄株	113
银杏	162	79.0	6.2	25.0	13.5	雄株	113
朴树	163	61.0	3.8	15.0	7.0	雌雄同株	130
朴树	164	80.0	3.9	15.0	9.0	雌雄同株	208
银杏	165	83.0	3.0	26.0	13.5	雌株	100
银杏	166	60.8	5.5	24.0	12.5	雌株	130
银杏	167	79.3	4.0	23.0	13.0	雌株	130
日本五针松	168	28.7	0.6	1.5	5.0	雌雄同株	316

续 表

种名	序号	胸径(cm)	枝下高(m)	树高(m)	平均冠幅(m)	性别	树龄
日本五针松	169	30.9	0.5	1.7	5.5	雌雄同株	316
白皮松	170	65.3	0.4	6.2	9.5	雌雄同株	100
黄金树	171	57.3	2.5	20.0	8.5	雌雄同株	100
银杏	172	68.2	4.0	25.0	10.5	雄株	120
扶芳藤	173	11.5	—	4.2	3.5	雌雄同株	111
黄杨	174	12.6	1.6	3.8	4.0	雌雄同株	320
黄杨	175	19.1 *	0.3	4.2	3.0	雌雄同株	300
圆柏	176	30.9	4.5	13.0	6.5	雌雄同株	172
无刺枸骨	177	32.6	1.4	4.2	7.5	雌雄同株	110
无刺枸骨	178	30.0	1.4	5.0	6.0	雌雄同株	111
桑	179	41.4	4.5	10.5	7.5	雌雄同株	100
桂花	180	28.7	1.3	5.0	6.5	雌雄同株	118
木香	181	23.2	—	—	4.5	雌雄同株	100
日本五针松	182	20.0	0.5	2.6	3.0	雌雄同株	370
日本五针松	183	19.0	0.5	2.6	4.0	雌雄同株	370
日本五针松	184	54.0	0.7	3.0	3.0	雌雄同株	190
日本五针松	185	25.0	0.5	3.0	2.0	雌雄同株	190
日本五针松	186	26.8	0.6	3.0	3.0	雌雄同株	190
络石	187	13.5	—	—	2.5	雌雄同株	112
紫藤	188	28.0	—	—	4.5	雌雄同株	107
木瓜	189	31.8	2.3	10.0	9.5	雌雄同株	815
圆柏	190	26.8	1.7	4.5	8.5	雄株	1 000
广玉兰	191	58.6	4.5	13.0	9.5	雌雄同株	108
石楠	192	72.6 *	0.4	6.0	8.5	雌雄同株	109
圆柏	193	14.0 *	0.5	1.0	1.0	雄株	610
圆柏	194	12.0 *	0.4	1.3	1.0	雄株	380

续　表

种名	序号	胸径(cm)	枝下高(m)	树高(m)	平均冠幅(m)	性别	树龄
圆柏	195	18.0 *	0.6	1.7	1.0	雄株	320
刺柏	196	32.0 *	0.8	1.3	1.0	雄株	870
刺柏	197	14.0 *	0.7	2.0	1.0	雄株	540
刺柏	198	20.0 *	0.8	1.6	1.0	雄株	378
罗汉松	199	40.0	0.9	1.6	2.0	雄株	240
银杏	200	57.5	3.2	16.0	8.5	雌株	198
银杏	201	50.0	1.7	10.0	9.0	雌株	198
银杏	202	89.8	3.4	27.0	9.5	雄株	326
银杏	203	88.0	4.3	27.0	8.5	雌株	326
银杏	204	80.6	6.6	20.0	11.0	雌株	326
银杏	205	120.1	2.8	27.0	13.5	雄株	1 008
银杏	206	51.6	4.2	18.0	7.5	雌株	130
银杏	207	86.0	3.5	20.0	11.5	雌株	190
桂花	208	36.3	1.4	7.8	8.5	雌雄同株	113
罗汉松	209	28.0	0.4	2.3	5.0	雌株	228
罗汉松	210	20.1	0.5	1.8	4.5	雌株	228
罗汉松	211	20.1	0.3	2.2	4.0	雄株	208
银杏	212	71.0	4.4	14.5	12.5	雌株	413
朴树	213	84.2	5.1	9.5	9.0	雌雄同株	350
银杏	214	42.3	1.9	10.0	8.3	雌株	333
银杏	215	94.9	5.0	16.0	12.0	雄株	324
朴树	216	94.7	3.7	13.5	16.0	雌雄同株	324
银杏	217	60.3	2.7	14.7	13.5	雄株	324
桂花	218	16.7	1.4	5.0	3.5	雌雄同株	243
蜡梅	219	8.6	0.5	2.0	2.5	雌雄同株	224
银杏	220	100.8	2.1	21.5	11.5	雌株	214

续 表

种名	序号	胸径(cm)	枝下高(m)	树高(m)	平均冠幅(m)	性别	树龄
黄杨	221	18.1	1.6	8.0	3.8	雌雄同株	213
银杏	222	38.9	3.6	14.0	8.5	雌株	213
银杏	223	47.2	3.0	12.0	9.5	雄株	213
大叶榉树	224	66.9	2.1	19.0	9.0	雌雄同株	123
桂花	225	21.0	0.3	7.0	5.9	雌雄同株	193
圆柏	226	61.3	1.6	9.5	11.5	雌株	174
黄杨	227	27.7 *	3.3	5.0	3.5	雌雄同株	134
榆树	228	111.0 *	3.3	2.5	2.5	雌雄同株	133
黄檀	229	46.5 *	3.7	12.0	9.0	雌雄同株	123
黄檀	230	62.4	0.5	8.0	8.0	雌雄同株	123
银杏	231	55.3	3.3	17.5	8.5	雄株	113
银杏	232	48.1	3.2	17.0	8.5	雄株	113
银杏	233	58.2	4.1	21.0	12.9	雌株	113
朴树	234	51.0	3.8	13.0	17.5	雌雄同株	113
女贞	235	59.0	2.9	14.7	10.0	雌雄同株	170
黄杨	236	47.8 *	0.3	2.2	2.7	雌雄同株	100
朴树	237	63.4	3.6	17.0	19.0	雌雄同株	110
黄杨	238	17.5	1.6	8.5	6.6	雌雄同株	110
银杏	239	58.3	3.5	18.5	11.3	雌株	100
乌桕	240	45.0	2.2	11.0	10.5	雌雄同株	130
银杏	241	54.8	3.5	15.0	8.5	雄株	110
银杏	242	52.2	3.6	16.0	7.5	雌株	110
紫薇	243	40.5	0.6	2.0	2.0	雌雄同株	120
紫弹朴	244	86.0 *	0.5	1.9	2.1	雌雄同株	130
石榴	245	15.0	0.3	2.3	3.1	雌雄同株	130
黄杨	246	18.2	2.7	7.5	2.7	雌雄同株	260

续　表

种名	序号	胸径（cm）	枝下高（m）	树高（m）	平均冠幅（m）	性别	树龄
银杏	247	56. 1	3. 5	16. 0	8. 5	雌株	100
黄杨	248	23. 2	2. 1	10. 0	6. 0	雌雄同株	156
银杏	249	60. 5	5. 8	18. 2	6. 5	雄株	100
黄檀	250	27. 7	3. 0	10. 0	6. 5	雌雄同株	100
银杏	251	52. 2	2. 4	12. 0	11. 0	雌株	100
国槐	252	85. 2	1. 8	14. 5	15. 5	雌雄同株	120
构树	253	92. 5	2. 1	7. 0	2. 5	雄株	100
银杏	254	64. 1	2. 1	17. 0	10. 5	雄株	130
银杏	255	58. 7	5. 6	16. 5	11. 0	雌株	100
银杏	256	39. 5	2. 4	18. 0	5. 5	雌株	100
皂荚	257	59. 0	1. 6	12. 0	14. 5	雌雄同株	120
白杜	258	52. 9	2. 0	11. 5	9. 5	雌雄同株	100
银杏	259	44. 6	4. 5	18. 0	9. 0	雌株	100
银杏	260	56. 4	5. 0	18. 0	13. 0	雌株	100
银杏	261	54. 0	2. 1	15. 5	8. 5	雌株	100
银杏	262	47. 8	3. 0	15. 5	4. 5	雄株	100
银杏	263	43. 2	2. 2	14. 5	6. 5	雄株	100
银杏	264	49. 9	1. 9	16. 0	7. 5	雄株	100
朴树	265	50. 9	3. 0	15. 0	11. 5	雌雄同株	100
香樟	266	53. 3	2. 9	15. 0	8. 0	雌雄同株	100
银杏	267	43. 8	3. 5	14. 0	6. 5	雄株	100
银杏	268	49. 5	3. 0	15. 5	7. 0	雄株	100
银杏	269	42. 0	4. 5	13. 5	7. 0	雌株	100
柘树	270	42. 5	3. 5	14. 0	9. 0	雄株	130
柘树	271	30. 0	1. 9	11. 0	8. 5	雄株	110
银杏	272	61. 6	4. 5	18. 0	10. 5	雌株	100

续 表

种名	序号	胸径(cm)	枝下高(m)	树高(m)	平均冠幅(m)	性别	树龄
银杏	273	68.5	5.5	16.0	10.5	雌株	100
黄檀	274	31.0	3.0	9.0	7.5	雌雄同株	100
乌桕	275	63.4	2.1	15.0	15.5	雌雄同株	130
银杏	276	41.7	2.5	12.5	10.5	雌株	100
银杏	277	56.1	2.7	18.0	11.0	雄株	120
银杏	278	50.2	2.2	16.0	9.5	雌株	110
银杏	279	45.2	3.8	9.5	4.5	雄株	110
朴树	280	47.2	3.6	14.5	8.0	雌雄同株	100
桂花	281	29.0	0.5	9.5	9.5	雌雄同株	100
白杜	282	53.2	0.3	8.5	10.5	雌雄同株	100
雪松	283	46.8	1.9	15.0	9.0	雌雄同株	100
雪松	284	43.3	2.0	15.0	8.5	雌雄同株	100
皂荚	285	60.5	3.4	18.0	12.0	雌雄同株	150
枸杞	286	12.9*	0.5	2.5	1.9	雌雄同株	110
黄连木	287	40.4	2.6	10.0	9.5	雄株	100
金银木	288	45.7*	0.1	4.0	5.5	雌雄同株	100
榔榆	289	47.3*	1.3	12.0	11.0	雌雄同株	100
罗汉松	290	18.3	1.7	8.0	3.5	雌株	130
桑	291	48.8	4.0	15.0	10.5	雄株	100
罗汉松	292	40.3	1.0	5.5	4.5	雄株	312
银杏	293	87.3	3.5	13.0	6.5	雄株	312
紫薇	294	15.0	4.8	4.0	4.5	雌雄同株	112
罗汉松	295	20.1	3.0	7.0	2.5	雄株	112
圆柏	296	44.0	1.5	8.0	4.5	雌株	212
银杏	297	78.0	2.5	11.0	7.5	雌株	212
银杏	298	82.2	3.6	12.0	5.5	雌株	212

续　表

种名	序号	胸径(cm)	枝下高(m)	树高(m)	平均冠幅(m)	性别	树龄
雪松	299	64.8	3.2	9.0	8.5	雌雄同株	100
罗汉松	300	59.9	1.6	5.0	5.5	雌株	402
银杏	301	82.8	2.2	13.0	6.5	雄株	172
银杏	302	53.5	3.0	11.0	6.5	雌株	120
银杏	303	45.3	3.0	12.0	5.5	雌株	100
大叶榉树	304	39.8	2.7	12.0	7.5	雌雄同株	100
大叶榉树	305	38.2	2.7	12.0	7.5	雌雄同株	100
朴树	306	53.1	3.7	10.0	5.5	雌雄同株	112
银杏	307	140.8	4.5	13.0	6.5	雄株	812
银杏	308	46.1	3.4	10.0	3.5	雄株	100
朴树	309	78.0	5.2	13.0	10.5	雌雄同株	160
银杏	310	73.5	3.4	13.0	7.5	雄株	150
朴树	311	71.8	2.4	13.0	12.5	雌雄同株	150
银杏	312	51.7	5.5	12.0	5.5	雄株	120
银杏	313	59.8	5.8	12.0	5.5	雄株	125
柿树	314	52.6	0.7	7.5	5.5	雌雄同株	160
银杏	315	67.8	3.6	10.0	11.0	雌株	130
大叶榉树	316	114.0	2.2	9.5	9.0	雌雄同株	190
银杏	317	67.2	4.0	12.0	11.0	雌株	130
银杏	318	154.0	3.5	9.0	7.5	雌株	812
银杏	319	40.0	1.9	11.0	10.5	雌株	117
皂荚树	320	70.0	1.1	11.5	11.0	雌雄同株	150
银杏	321	49.4	4.2	10.0	7.0	雌株	100
旱柳	322	75.0	1.5	7.8	8.5	雄株	100
银杏	323	56.0	3.2	12.0	6.0	雌株	110
银杏	324	41.3	2.2	12.0	5.5	雄株	100

续 表

种名	序号	胸径(cm)	枝下高(m)	树高(m)	平均冠幅(m)	性别	树龄
银杏	325	46.5	3.5	12.0	6.0	雄株	100
银杏	326	51.0	4.5	11.0	9.5	雌株	100
银杏	327	86.3	4.1	12.0	13.0	雌株	150
银杏	328	152.2 *	4.1	13.0	13.0	雌株	362
银杏	329	116.9	3.4	11.0	6.5	雌株	132
银杏	330	121.0	3.5	13.0	9.5	雄株	312
银杏	331	97.3	2.3	8.0	6.5	雄株	212
银杏	332	76.4	3.5	7.2	4.5	雄株	112
银杏	333	37.6	3.4	5.6	5.5	雌株	112
银杏	334	62.2	3.4	9.0	5.5	雌株	112
银杏	335	45.8	2.0	12.0	5.5	雄株	122
垂柳	336	79.6	1.8	8.0	8.5	雄株	100
银杏	337	86.1	3.0	12.0	8.5	雄株	122
银杏	338	90.4	3.5	13.0	11.5	雄株	211
银杏	339	75.2	3.8	13.0	11.5	雄株	262
广玉兰	340	40.6	3.2	10.0	7.0	雌雄同株	100
广玉兰	341	49.6	2.2	10.0	8.5	雌雄同株	130
银杏	342	158.3	3.4	13.0	10.5	雌株	412
银杏	343	143.3	3.0	13.0	10.5	雌株	412
银杏	344	75.7	3.0	7.8	6.5	雌株	202
银杏	345	78.2	3.4	12.0	10.5	雌株	162
银杏	346	79.9	3.4	13.0	11.5	雄株	112
黄杨	347	23.7	1.5	4.0	6.5	雌雄同株	332
黄杨	348	51.6 *	0.1	4.0	6.5	雌雄同株	332
银杏	349	58.0	5.0	11.0	7.5	雌株	162
黄杨	350	20.6	0.6	3.5	6.0	雌雄同株	250

续　表

种名	序号	胸径(cm)	枝下高(m)	树高(m)	平均冠幅(m)	性别	树龄
银杏	351	124.2	3.8	11.0	8.5	雌株	512
银杏	352	43.9	4.0	10.0	5.5	雌株	412
银杏	353	121.0	3.0	12.0	7.5	雄株	362
银杏	354	128.2	4.0	13.0	10.5	雌株	312
银杏	355	67.7	3.5	10.0	8.0	雌株	512
银杏	356	101.0	3.2	12.0	11.5	雌株	312
银杏	357	111.0	2.7	14.0	11.5	雄株	112
枫杨	358	80.3	1.8	12.0	11.5	雌雄同株	120
毛泡桐	359	94.7	2.1	10.0	13.0	雌雄同株	150
银杏	360	66.2	4.2	11.0	11.0	雄株	110
朴树	361	49.0	3.0	8.5	11.0	雌雄同株	100
刺槐	362	43.0	4.3	12.0	9.0	雌雄同株	100
银杏	363	66.7	5.5	12.0	13.0	雌株	110
桂花	364	36.9	1.1	7.0	13.0	雌雄同株	110
银杏	365	106.4	2.2	8.0	8.5	雌株	616
银杏	366	87.3	3.5	12.0	12.0	雄株	612
银杏	367	129.3	4.1	12.5	16.0	雄株	812
银杏	368	71.3	2.3	11.0	9.0	雌株	512
银杏	369	87.3	4.3	10.5	7.0	雌株	312
银杏	370	76.8	4.5	11.0	11.0	雌株	312
银杏	371	87.6	3.6	12.0	15.5	雌株	272
银杏	372	74.0	4.2	11.0	7.0	雄株	152
银杏	373	63.4	4.2	10.0	9.5	雌株	152
银杏	374	43.5	5.2	9.0	7.0	雌株	132
雪松	375	52.2	4.3	9.0	11.0	雌雄同株	100
银杏	376	56.5	6.5	10.5	5.5	雌株	112

续 表

种名	序号	胸径(cm)	枝下高(m)	树高(m)	平均冠幅(m)	性别	树龄
银杏	377	86.6	2.2	9.5	5.5	雌株	192
银杏	378	90.1	2.2	11.0	7.5	雌株	412
银杏	379	118.2	2.7	11.0	5.5	雌株	412
银杏	380	70.2	3.6	12.0	11.5	雌株	112
银杏	381	64.6	4.7	11.0	10.0	雄株	112
雪松	382	49.4	1.9	11.0	15.5	雌雄同株	100
雪松	383	53.3	2.5	11.0	11.0	雌雄同株	100
桂花	384	22.5	0.8	8.0	10.5	雌雄同株	150
银杏	385	62.0	4.5	12.5	11.0	雌株	130
银杏	386	49.4	3.6	12.0	10.0	雄株	100
苏铁	387	36.7	1.5	2.3	3.5	雄株	130
黄杨	388	19.1	0.35	3.5	5.5	雌雄同株	130
朴树	389	74.1	2.1	11.0	11.5	雌雄同株	125
柿树	390	地径 41.0	0.63	5.5	6.5	雌雄同株	150
柿树	391	27.0	3.5	5.5	6.5	雌雄同株	150
柿树	392	地径 44.0	0.33	5.4	5.5	雌雄同株	150
柿树	393	28.4	1.3	5.4	5.5	雌雄同株	130
朴树	394	82.8	1.9	12.0	16.0	雌雄同株	100
朴树	395	49.7	2.5	11.0	13.5	雌雄同株	100
旱柳	396	64.0	2.3	11.0	13.0	雄株	100
桑	397	52.9	2.1	9.0	12.0	雌株	100
银杏	398	38.0	—	—	5.5	雌株	100
黄杨	399	17.2	3.1	6.0	4.5	雌雄同株	120
黄杨	400	14.4	3.0	6.0	4.5	雌雄同株	110
大叶榉树	401	43.0	2.7	10.0	9.0	雌雄同株	100
银杏	402	59.0	2.0	13.0	6.5	雌株	120

续　表

种名	序号	胸径(cm)	枝下高(m)	树高(m)	平均冠幅(m)	性别	树龄
大叶榉树	403	48.3	2.0	11.0	8.5	雌雄同株	100
大叶榉树	404	44.6	—	—	8.0	雌雄同株	100
大叶榉树	405	43.2	—	—	7.5	雌雄同株	100
大叶榉树	406	44.6	3.0	12.0	8.5	雌雄同株	100
月桂	407	15.0	—	6.0	6.5	雌雄同株	100
月桂	408	16.0	—	6.0	6.5	雌雄同株	100
榔榆	409	49.4	1.5	10.0	5.5	雌雄同株	100
国槐	410	80.3	2.2	11.0	11.5	雌雄同株	150
国槐	411	89.8	2	11.0	9.5	雌雄同株	150
朴树	412	58.9	1.0	11.0	7.5	雌雄同株	100
桂花	413	82.8	—	6.0	9.5	雌雄同株	110
银杏	414	73.6	3.8	12.0	8.5	雌株	150
银杏	415	109.3	2.1	13.0	10.5	雄株	253
银杏	416	68.4	5.2	12.0	9.5	雄株	100
朴树	417	67.0	2.0	13.0	11.5	雌雄同株	110
银杏	418	49.2	3.5	11.0	8.5	雄株	100
桂花	419	33.6	—	6.0	5.5	雌雄同株	100
柿树	420	15.8	1.8	5.5	2.5	雌雄同株	100
枸骨	421	34.0	—	3.4	3.5	雌雄同株	110
朴树	422	54.2	1.8	10.8	10.5	雌雄同株	100
银杏	423	52.9	5.2	11.0	5.5	雄株	100
朴树	424	66.1	1.3	13.0	11.5	雌雄同株	120
柘树	425	30.1	2.1	7.0	5.5	雄株	120
柘树	426	22.6	2.3	6.0	4.5	雄株	100
银杏	427	43.6	1.5	12.0	6.0	雄株	100
银杏	428	44.7	1.6	11.0	6.5	雌株	100

续 表

种名	序号	胸径(cm)	枝下高(m)	树高(m)	平均冠幅(m)	性别	树龄
银杏	429	69.9	3.2	12.0	8.5	雌株	150
银杏	430	70.7	2.0	14.0	7.5	雌株	250
银杏	431	52.2	0.5	12.0	7.5	雄株	100
银杏	432	54.2	—	11.0	7.0	雄株	100
银杏	433	50.0	4.0	9.5	6.5	雌株	100
银杏	434	64.4	5.5	18.0	5.0	雌株	220
银杏	435	88.9	3.6	16.0	13.0	雄株	270
银杏	436	76.0	3.5	15.0	5.5	雌株	270
银杏	437	115.1	6.1	19.9	8.5	雄株	500
银杏	438	62.6	6.0	13.0	8.5	雌株	270
大叶榉树	439	48.3	4.2	13.0	11.0	雌雄同株	130
大叶榉树	440	52.3	5.7	15.0	11.0	雌雄同株	170
银杏	441	80.6	6.5	22.0	11.0	雄株	310
银杏	442	73.1	5.6	20.0	8.0	雌株	310
圆柏	443	36.0	4.2	11.0	4.5	雄株	250
银杏	444	68.9	5.8	19.0	7.5	雌株	310
大叶榉树	445	40.9	2.8	18.0	7.5	雌雄同株	130
大叶榉树	446	36.8	6.0	11.0	4.5	雌雄同株	130
大叶榉树	447	70.1	5.6	20.0	7.5	雌雄同株	200
银杏	448	63.4	2.1	18.0	8.0	雄株	150
银杏	449	44.0	6.2	18.5	9.0	雌株	140
大叶榉树	450	51.8	5.1	18.0	10.5	雌雄同株	160
大叶榉树	451	42.0	5.2	18.0	9.0	雌雄同株	170
大叶榉树	452	60.5	6.0	18.0	11.5	雌雄同株	220
银杏	453	57.0	5.9	18.0	6.0	雄株	120
圆柏	454	44.1	5.0	16.0	6.5	雌株	270

续　表

种名	序号	胸径(cm)	枝下高(m)	树高(m)	平均冠幅(m)	性别	树龄
侧柏	455	47. 3	2. 0	4. 0	3. 5	雌雄同株	310
大叶榉树	456	46. 3	2. 7	17. 0	11. 0	雌雄同株	130
大叶榉树	457	38. 9	5. 0	17. 0	11. 0	雌雄同株	130
圆柏	458	32. 3	5. 0	12. 0	2. 5	雄株	270
圆柏	459	73. 2	2. 1	12. 0	3. 5	雌株	330
圆柏	460	35. 0	5. 0	12. 0	3. 5	雄株	260
大叶榉树	461	45. 6	3. 2	10. 0	5. 5	雌雄同株	150
银杏	462	42. 2	4. 2	12. 5	8. 0	雌株	170
罗汉松	463	25. 5	1. 1	4. 2	3. 5	雄株	220
银杏	464	57. 0	4. 0	15. 6	8. 5	雄株	250
大叶榉树	465	39. 4	3. 3	9. 5	6. 5	雌雄同株	130
大叶榉树	466	48. 1	3. 2	13. 0	6. 5	雌雄同株	130
大叶榉树	467	40. 0	3. 3	13. 7	9. 0	雌雄同株	190
圆柏	468	45. 3	7. 0	8. 0	4. 0	雌株	270
圆柏	469	37. 3	8. 0	10. 0	4. 0	雄株	130
圆柏	470	42. 4	5. 4	10. 0	2. 0	雄株	170
银杏	471	70. 5	8. 0	12. 0	6. 5	雄株	270
黄连木	472	60. 0	5. 8	12. 3	9. 0	雌株	270
柞木	473	41. 0	4. 7	7. 1	5. 0	雄株	360
大叶榉树	474	35. 5	2. 2	13. 0	7. 5	雌雄同株	100
大叶榉树	475	37. 0	2. 8	10. 3	7. 5	雌雄同株	160
银杏	476	40. 8	4. 3	9. 0	3. 5	雄株	150
银杏	477	45. 1	3. 9	18. 0	8. 5	雌株	150
圆柏	478	32. 8	5. 1	10. 0	3. 5	雄株	270
柞木	479	37. 0	3. 3	7. 1	5. 0	雄株	360
银杏	480	50. 0	4. 7	14. 5	7. 5	雌株	280

续　表

种名	序号	胸径(cm)	枝下高(m)	树高(m)	平均冠幅(m)	性别	树龄
银杏	481	71. 4	4. 3	15. 0	10. 5	雄株	270
银杏	482	81. 1	4. 0	18. 5	12. 5	雄株	310
银杏	483	59. 6	4. 1	17. 0	7. 5	雌株	360
银杏	484	56. 7	4. 0	16. 0	9. 5	雄株	220
朴树	485	59. 0	3. 8	11. 0	9. 5	雌雄同株	130
大叶榉树	486	38. 6	3. 0	12. 0	6. 0	雌雄同株	130
圆柏	487	26. 4	1. 6	10. 0	2. 5	雄株	130
银杏	488	45. 8	3. 8	12. 0	5. 5	雌株	220
柞木	489	42. 8	2. 5	15. 0	11. 0	雄株	450
雪松	490	52. 9	5. 0	15. 0	8. 5	雌雄同株	100
黄连木	491	64. 0	2. 1	5. 0	3. 0	雄株	140
朴树	492	70. 4	2. 0	12. 0	5. 0	雌雄同株	160
乌桕	493	47. 1	8. 0	13. 0	8. 5	雌雄同株	100
朴树	494	50. 2	2. 3	12. 0	7. 5	雌雄同株	110
女贞	495	59. 9	2. 5	18. 0	9. 0	雌雄同株	140
日本珊瑚树	496	49. 0	2. 0	7. 0	6. 5	雌雄同株	100
香樟	497	92. 4	4. 0	17. 0	13. 5	雌雄同株	130
黑松	498	40. 8	5. 8	7. 5	5. 5	雌雄同株	120
朴树	499	58. 4	2. 6	12. 0	7. 5	雌雄同株	120
刺槐	500	58. 0	4. 0	15. 0	10. 5	雌雄同株	120
女贞	501	45. 5	2. 2	14. 0	8. 5	雌雄同株	100
柳杉	502	41. 4	3. 7	17. 0	8. 0	雌雄同株	100
罗汉松	503	56. 4	0. 7	15. 0	5. 5	雄株	140
龙柏	504	51. 0	4. 0	13. 0	5. 5	雌雄同株	100
雪松	505	77. 4	8. 0	21. 0	13. 5	雌雄同株	170
雪松	506	84. 1	7. 0	20. 0	6. 5	雌雄同株	190

续　表

种名	序号	胸径(cm)	枝下高(m)	树高(m)	平均冠幅(m)	性别	树龄
雪松	507	84.7	6.0	16.0	7.5	雌雄同株	170
大叶榉树	508	74.1	2.6	18.0	13.0	雌雄同株	120
大叶榉树	509	62.5	1.7	17.0	11.0	雌雄同株	120
龙柏	510	55.0	1.1	12.0	9.0	雌雄同株	110
龙柏	511	42.0	1.5	11.0	5.0	雌雄同株	100
龙柏	512	57.0	1.6	12.0	6.0	雌雄同株	100
龙柏	513	47.0	1.5	13.0	5.0	雌雄同株	100
龙柏	514	35.0	1.8	12.0	7.0	雌雄同株	100
朴树	515	50.6	2.0	15.0	7.5	雌雄同株	120
银杏	516	69.1	3.8	15.0	10.5	雌株	200
银杏	517	64.3	3.5	13.0	10.0	雌株	200
香樟	518	87.3	1.4	18.0	13.0	雌雄同株	110
银杏	519	46.8	1.9	12.0	11.0	雌株	150
枫杨	520	54.8	2.8	15.0	9.5	雌雄同株	110
银杏	521	61.3	1.0	12.0	7.5	雄株	200
银杏	522	71.0	2.5	12.0	13.0	雌株	200
榔榆	523	42.5	1.3	8.0	9.5	雌雄同株	100
榔榆	524	33.9	3.6	7.5	7.5	雌雄同株	100
重阳木	525	63.2	2.2	14.0	9.5	雄株	120
重阳木	526	37.5	1.9	12.0	5.5	雄株	100
重阳木	527	44.6	2.5	11.5	5.5	雄株	100
重阳木	528	52.9	2.3	13.0	7.5	雄株	100
苦楝	529	48.0	2.6	10.0	8.0	雌雄同株	100
银杏	530	39.8	3.8	12.0	2.5	雄株	150
银杏	531	47.4	5.4	15.0	5.5	雄株	180
大叶榉树	532	42.2	2.3	12.0	5.0	雌雄同株	100

续　表

种名	序号	胸径(cm)	枝下高(m)	树高(m)	平均冠幅(m)	性别	树龄
罗汉松	533	85.3	0.7	5.8	6.0	雌株	750
银杏	534	52.9	3.7	12.0	3.0	雌株	150
银杏	535	51.6	2.9	12.0	3.5	雄株	140
银杏	536	121.0	3.0	22.0	11.5	雄株	450
皂荚	537	51.7	2.0	8.5	7.5	雌雄同株	100
银杏	538	67.2	2.2	16.0	7.5	雄株	250
银杏	539	66.6	2.8	15.0	10.5	雌株	250
银杏	540	61.9	1.9	16.0	8.5	雌株	250
银杏	541	58.8	2.1	13.0	9.0	雄株	250
银杏	542	59.0	2.2	14.0	8.5	雄株	250
朴树	543	53.0	3.4	13.0	10.0	雌雄同株	110
朴树	544	63.8	2.1	14.0	10.5	雌雄同株	130
香樟	545	56.0	3.5	13.0	11.5	雌雄同株	100
银杏	546	70.0	2.3	20.0	7.0	雄株	338
银杏	547	50.0	2.5	17.0	6.0	雌株	180
银杏	548	43.0	2.5	15.0	5.0	雌株	290
朴树	549	47.1	1.7	11.0	8.5	雌雄同株	100
香樟	550	76.6	4.3	15.0	11.5	雌雄同株	110
香樟	551	87.3	4.2	18.0	13.5	雌雄同株	110
罗汉松	552	42.4	0.1	2.2	2.5	雄株	160
白杜	553	54.5	1.7	10.0	7.5	雌雄同株	100
黄金树	554	59.6	3.7	12.0	8.5	雌雄同株	110
乌桕	555	55.3	3.9	12.0	6.0	雌雄同株	120
全缘叶栾树（黄山栾树）	556	59.7	3.9	14.0	8.5	雌雄同株	110

续　表

种名	序号	胸径(cm)	枝下高(m)	树高(m)	平均冠幅(m)	性别	树龄
日本柳杉	557	46.8	7.8	13.0	4.5	雌雄同株	100
罗汉松	558	82.7	0.4	9.0	8.5	雄株	500
赤松	559	59.2	2.2	8.0	4.0	雌雄同株	160
广玉兰	560	75.3	2.8	16.0	11.0	雌雄同株	200
池杉	561	58.0	4.5	18.0	6.5	雌雄同株	230
银杏	562	48.7	5.2	18.0	7.5	雌株	150
石楠	563	52.9	4.0	9.0	7.5	雌雄同株	110
日本柳杉	564	86.3	4.6	15.0	11.0	雌雄同株	110
雪松	565	17.0	4.6	18.5	15.0	雌雄同株	110
龙柏	566	53.8	4.0	9.0	4.5	雄株	120
紫薇	567	42.7	3.6	8.0	3.5	雌雄同株	200
银杏	568	57.1	4.2	17.0	6.5	雄株	200
银杏	569	50.4	3.7	16.0	7.5	雄株	140
大叶榉树	570	41.8	2.9	11.0	8.0	雌雄同株	110
柘树	571	33.1	1.7	13.0	8.0	雄株	100
香樟	572	75.5	4.1	18.0	15.5	雌雄同株	120
银杏	573	51.0	2.3	18.0	7.5	雌株	180
香樟	574	78.3	3.0	18.0	15.5	雌雄同株	120
银杏	575	74.2	2.3	17.0	9.5	雄株	330
银杏	576	92.8	2.0	15.0	7.5	雌株	330
银杏	577	81.9	3.5	12.5	7.5	雌株	330
银杏	578	79.0	4.2	13.0	6.5	雌株	430
银杏	579	72.8	4.2	11.5	5.5	雄株	430
银杏	580	64.8	3.4	10.0	4.0	雌株	380
银杏	581	103.6	3.6	17.0	7.5	雌株	380
银杏	582	53.8	2.0	16.0	5.5	雄株	180

续　表

种名	序号	胸径 (cm)	枝下高 (m)	树高 (m)	平均冠幅 (m)	性别	树龄
银杏	583	81.0	2.3	10.2	10.0	雄株	180
银杏	584	56.0	2.4	9.9	4.0	雄株	180
银杏	585	79.5	4.0	13.0	4.5	雌株	150
银杏	586	81.2	3.0	10.0	9.5	雌株	430
罗汉松	587	57.3	0.8	4.5	4.5	雄株	730
银杏	588	55.9	2.8	12.0	7.5	雄株	130
银杏	589	48.7	3.7	15.0	7.0	雄株	150
银杏	590	105.1	2.7	8.0	5.5	雄株	530
银杏	591	76.8	2.6	19.0	5.0	雌株	330
银杏	592	94.9	2.6	20.0	8.5	雌株	330
银杏	593	59.5	3.7	16.0	9.5	雌株	280
银杏	594	72.7	5.2	16.0	9.5	雌株	280
银杏	595	171.3	3.9	17.0	5.5	雌株	730
银杏	596	161.8	3.0	9.0	4.5	雄株	730
银杏	597	107.0	2.2	20.0	7.5	雄株	530
银杏	598	129.0	2.0	21.0	8.0	雄株	600
银杏	599	59.3	2.1	17.0	5.5	雌株	180
银杏	600	52.1	4.3	14.0	5.0	雌株	180
银杏	601	55.9	2.5	16.0	8.5	雄株	180
银杏	602	70.2	6.0	16.0	6.5	雄株	180
紫藤	603	13.7	0.8	13.7	3.0	雌雄同株	130
紫藤	604	37.0	0.7	13.7	3.0	雌雄同株	130
罗汉松	605	62.1	0.5	4.2	4.0	雄株	380
厚壳树	606	40.8	5.2	14.0	8.5	雌雄同株	130
广玉兰	607	50.0	2.4	17.0	7.0	雌雄同株	130
榔榆	608	50.4	4.4	16.0	10.5	雌雄同株	130

续　表

种名	序号	胸径(cm)	枝下高(m)	树高(m)	平均冠幅(m)	性别	树龄
三角枫	609	62.9	2.1	14.0	12.5	雌雄同株	130
罗汉松	610	38.2	1.9	5.5	4.5	雄株	130
大叶榉树	611	60.0	1.9	6.0	4.5	雌雄同株	130
朴树	612	107.0	2.4	16.0	12.5	雌雄同株	130
乌桕	613	54.9	2.1	8.5	7.5	雌雄同株	100
银杏	614	58.8	5.1	20.5	9.0	雄株	150
银杏	615	168.8	2.2	12.0	9.0	雄株	730
银杏	616	101.0	6.0	16.3	5.5	雌株	430
银杏	617	90.0	5.5	15.0	3.5	雄株	200
银杏	618	98.0	2.6	19.2	11.0	雌株	730
银杏	619	55.4	3.0	12.0	7.5	雄株	130
银杏	620	97.5	4.0	16.0	11.0	雌株	380
银杏	621	77.0	3.7	13.0	11.0	雌株	380
银杏	622	71.5	2.3	10.0	11.0	雌株	330
银杏	623	95.2	3.5	19.0	9.5	雄株	380
银杏	624	81.0	3.2	19.5	8.0	雄株	380
银杏	625	81.0	2.3	14.1	8.5	雌株	280
银杏	626	82.0	2.5	14.5	8.5	雌株	280
银杏	627	108.6	2.5	20.0	9.0	雄株	430
银杏	628	69.4	2.3	17.0	6.5	雄株	280
银杏	629	71.2	2.5	17.0	5.5	雌株	280
银杏	630	58.2	2.0	16.0	6.0	雌株	280
银杏	631	58.0	3.4	15.0	6.5	雌株	280
银杏	632	80.7	1.9	17.0	7.5	雌株	380
银杏	633	127.7	2.4	14.5	10.5	雄株	630
银杏	634	111.1	2.4	12.0	9.0	雌株	630

续　表

种名	序号	胸径 (cm)	枝下高 (m)	树高 (m)	平均冠幅 (m)	性别	树龄
银杏	635	101.8	2.4	11.0	9.5	雌株	630
银杏	636	43.3	4.1	10.0	5.5	雄株	130
朴树	637	95.0	2.0	10.0	7.5	雌雄同株	230
银杏	638	48.7	2.4	11.0	5.5	雌株	180
银杏	639	38.9	2.2	9.0	5.0	雌株	180
银杏	640	46.6	2.6	7.0	4.0	雌株	230
朴树	641	57.0	3.1	14.0	10.5	雌雄同株	130
黄金树	642	70.1	3.8	12.0	5.0	雌雄同株	130
楸树	643	159.2	2.0	14.0	11.0	雌雄同株	330
银杏	644	88.4	3.0	17.0	11.5	雄株	430
银杏	645	45.4	2.7	9.0	2.5	雌株	430
银杏	646	88.4	3.2	17.0	9.0	雌株	230
银杏	647	101.9	3.5	20.0	10.5	雄株	230
银杏	648	65.9	4.1	15.0	11.0	雌株	180
日本五针松	649	29.6	0.5	2.3	4.5	雌雄同株	230
银杏	650	98.7	2.1	18.0	7.0	雄株	510
银杏	651	93.9	4.3	8.5	5.0	雌株	530
银杏	652	111.5	2.2	17.5	6.5	雌株	530
银杏	653	63.2	2.1	14.0	7.5	雌株	280
雪松	654	121.0	4.6	18.2	17.5	雌雄同株	280
广玉兰	655	97.0	2.6	16.8	11.5	雌雄同株	280
银杏	656	67.5	2.1	15.0	7.5	雄株	280
黄连木	657	52.1	2.5	12.0	13.0	雄株	150
枫杨	658	62.0	2.3	16.0	15.0	雌雄同株	120
枫杨	659	68.8	4.3	16.5	16.0	雌雄同株	130
黄连木	660	57.6	1.7	12.0	19.0	雄株	170

续 表

种名	序号	胸径(cm)	枝下高(m)	树高(m)	平均冠幅(m)	性别	树龄
枫杨	661	81. 1	3. 3	13. 0	8. 5	雌雄同株	150
黄杨	662	21. 4	2. 0	7. 0	6. 5	雌雄同株	140
银杏	663	52. 4	4. 7	14. 0	8. 0	雄株	120
银杏	664	47. 9	4. 0	13. 0	6. 5	雄株	110
重阳木	665	83. 3	2. 9	12. 0	7. 5	雄株	290
银杏	666	82. 5	2. 8	15. 0	12. 5	雌株	260
大叶榉树	667	47. 8	2. 3	15. 0	13. 0	雌雄同株	160
银杏	668	46. 3	4. 5	14. 0	6. 5	雌株	110
银杏	669	52. 4	4. 2	14. 0	7. 5	雌株	110
银杏	670	46. 3	3. 5	13. 5	8. 5	雌株	110
银杏	671	54. 5	3. 1	13. 0	9. 5	雄株	110
银杏	672	50. 4	3. 3	14. 0	6. 5	雄株	110
银杏	673	49. 7	3. 1	17. 0	10. 5	雌株	110
银杏	674	69. 6	2. 7	17. 0	6. 0	雌株	230
银杏	675	79. 9	3. 2	17. 0	7. 5	雄株	230
银杏	676	63. 9	2. 5	14. 0	5. 0	雌株	230
银杏	677	104. 0	3. 1	14. 0	8. 5	雄株	630
罗汉松	678	84. 1	1. 9	8. 2	7. 5	雌株	420
银杏	679	42. 2	5. 0	15. 0	7. 0	雌株	330
银杏	680	70. 4	3. 5	14. 5	9. 5	雌株	330
罗汉松	681	61. 3	1. 9	7. 0	8. 5	雄株	230
广玉兰	682	64. 0	2. 8	12. 8	8. 0	雌雄同株	130
黄杨	683	17. 5	0. 9	6. 5	6. 5	雌雄同株	230

注：* 部分树种由于枝下高过低等原因无法测量其胸径，以基径（基部直径）代替胸径。

根据表 4－10，上述 328 株银杏，平均胸径 75. 4 cm，平均树高 15. 3 m，平均冠幅 9. 3 m。位于如皋市搬经镇卢庄村苏正明宅前的古银杏（序号 138）为雄株，具有最大胸径 256. 7 cm，树龄达 1 510 年。位于如皋市搬经镇朱夏村的古银杏（序号 135）为雌株，具有最大树高 29. 2 m，树龄为 1 200 年。位于如皋市搬经镇横埭村 5 组的古银杏（序号 141）为雄株，它具有最大平均冠幅 24. 0 m，树龄达 1 000 年。这 328 株银杏中，雌株有 191 株，雄株共有 137 株，雌雄比为 1. 4 ∶ 1，总体上该区的古银杏偏雌性。从这些银杏的长势看，总体情况良好，但是，调查过程中也发现少数古银杏的生长状况不容乐观。如位于通州区东社镇东社居 3 组东社市场的古银杏（序号 307），为雄株，胸径为 140. 8 cm，树龄为 812 年，该植株被栽种于街道中央，整个植株长势一般，顶端折断，外部树皮大部分被村民剥掉，用来“治病”。位于南通市狼山法乳堂大悲殿西的古银杏（序号 441），为雄株，胸径为 80. 6 cm，树高为22 m，该植株根部生境恶劣，被水泥包裹，导致土壤的透水、透气性极差，其恶劣的生存条件亟待改善。位于如皋市白蒲镇林梓粮站李思明宅旁的古银杏（序号 82），为雌株，胸径为 89. 5 cm。该植株被栽种于庭院内，整个植株长势极差。银杏主干周围有萌枝，萌枝直径达 25. 2 cm。调查时发现，银杏的主干正在被打药水（药品名称为“飘绿”），树基部被布捆住，树冠上罩有黑纱布，树上的叶片少且小，有树奶，近枯死。从调查情况看，当地群众对古银杏非常爱惜，保护意识很强。据称，这株银杏的拯救费用近 40 万元。不过，可能由于缺乏对古树的生态习性以及科学有效地管护的专业知识，实际保护效果并不理想。

上述 45 株大叶榉树的平均胸径为 48. 8 cm，平均树高为 14. 2 m，平均冠幅为 9. 2 m。其中，位于通州区东社镇五马路村 12 组周勤宅后的大叶榉树（序号 316）具有最大胸径 114. 0 cm，树龄达 190 岁。位于如皋市下原镇藕池村 11 组的大叶榉树（序号 159）具有最大树高 22. 0 m，树龄为 118 岁。位于南通市城市绿谷和军山的大叶榉树（序号 508 和 667）具有最大平均冠幅 13. 0 m，树龄分别为 120 岁和 160 岁。这些大叶榉树大多长于沟边、宅旁或山上，长势良好。

上述 41 株朴树，平均胸径 64. 6 cm，平均树高 13. 5 m，平均冠幅 11. 1 m。其中，位于南通市博物苑的朴树（序号 612）具有最大胸径

107.0 cm，树龄为130年。位于如皋市城南街道夏庄村新庄小区的朴树（序号160）具有最大树高25 m，树龄为150岁。位于海安市中洋集团中润公司的朴树（序号26）具有最大平均冠幅19.5 m，树龄为137岁。这41株朴树大多长势良好，但是调查发现，位于南通市狼山望江亭北坡的朴树（序号485），生长于亭旁树丛中，胸径为59.0 cm，树龄为130年，由于当地老百姓上香拜佛，导致该树的下部分枝被香火所烧，长势一般。

上述20株黄杨，平均胸径18.6 cm，平均树高5.2 m，平均冠幅5.4 m。其中，位于如皋市白蒲镇白蒲公园和通州区兴仁镇长林桥村卫志云房后的黄杨（序号76和348）具有最大基径51.6 cm，树龄分别为160岁和332岁。且序号76的黄杨同时具有最大平均冠幅8.5 m。位于如东县大豫镇丁家店村40组26号潘裕林宅旁的黄杨（序号248）具有最大树高10.0 m，树龄为156岁。

此外，圆柏和罗汉松各有19株，桂花14株，雪松和广玉兰各13株，香樟12株，其余古树名木均不足10株，如龙柏（9株）、日本五针松（8株）、柿（8株），榔榆（7株）、柘树（7株）、紫薇（6株）、重阳木（6株）、黄连木（6株）、枫杨（5株）、柞木（5株）、黄檀（5株）、国槐（5株）、乌桕（5株）等。

第五节　来源不明的林木种质资源

来源不明的林木种质资源指栽培利用林木种质资源中，来源不清的植物种类。主要包括引种栽培的、产地来源不明的木本植物，它可能是外来植物，也可能是我国的乡土植物。

根据本次调查，南通市来源不明的林木种质资源共涉及木本植物176种，它们隶属于119属，66科。其中，裸子植物有5科7属9种；被子植物有61科112属167种，包括双子叶植物56科104属155种，单子叶植物5科8属12种。可见，双子叶植物是该区来源不明林木种质资源的主要成分。其中，有些种类如南方红豆杉在当地如军山山坡已发现少量散生个体，很可能是从附近的南方红豆杉母株逸生而形成的迁地保护种群，这与南京紫金山迁地保护的南方红豆杉种群较为相似（李伟等，2014；Zhang *et al*.，2018）。然而由于栽培植株的种源不清，目前只能归入来源不明的种质资源。

具体种质资源分布情况如表 4－11 所示（图 4－47～57）。

表 4－11　南通市来源不明林木种质资源统计表

科名	属名	种名	常见分布地点
松科	松属	湿地松 *Pinus elliottii* Engelm.	公园
松科	松属	欧洲黑松 *Pinus nigra* Arn.	海门东洲公园
杉科	油杉属	江南油杉 *Keteleeria fortunei* var. *cyclolepis* (Flous) Silba	启东崇启花卉城、军山
杉科	落羽杉属	东方杉 × *Taxodiomera peizhongii*	滨江公园
杉科	落羽杉属	落羽杉 *Taxodium distichum* (Linn.) Rich.	公园、南城河北侧、如东海堤林业站、狼山
柏科	扁柏属	日本花柏 *Chamaecyparis pisifera* (Sieb. et Zucc.) Endl.	崇川啬园
柏科	刺柏属	杜松 *Juniperus rigida* Siebold & Zucc.	港闸城市绿谷
罗汉松科	罗汉松属	短叶罗汉松 *Podocarpus macrophyllus* var. *maki* Endl.	公园、崇启花卉城、丰利镇丰利中学校长袁金华家院内
红豆杉科	红豆杉属	南方红豆杉 *Taxus chinensis* var. *mairei* (Lemée et H. Lév.) L. K. Fu et Nan Li	如东海堤林业站、军山
木兰科	鹅掌楸属	鹅掌楸（马褂木） *Liriodendron chinense* (Hemsl.) Sargent.	常见
木兰科	木兰属	天目玉兰 *Magnolia amoena* (W. C. Cheng) D. L. Fu	如东人民公园、正余镇三合村、路边绿化栽培、狼山

续　表

科名	属名	种名	常见分布地点
木兰科	木兰属	紫玉兰 *Magnolia liliiflora*（Desr.）D. L. Fu	海安思源居、港闸城市绿谷
木兰科	含笑属	台湾含笑 *Michelia compressa*（Maxim.）Sarg.	崇川博物苑
木兰科	含笑属	含笑 *Michelia figo*（Lour.）Spreng	绿化栽培
木兰科	含笑属	深山含笑 *Michelia maudiae* Dunn	如东海堤林业站、公园
樟科	樟属	肉桂 *Cinnamomum cassia* Nees ex Blume	住宅小区
樟科	楠属	紫楠 *Phoebe sheareri*（Hemsl.）Gamble	海安海陵公园
毛茛科	铁线莲属	威灵仙 *Clematis chinensis* Osbeck	公园
小檗科	小檗属	紫叶小檗 *Berberis thunbergii* var. *atropurpurea* Chenault	公园
小檗科	十大功劳属	阔叶十大功劳 *Mahonia bealei*（Fort.）Carr.	港闸城市绿谷
小檗科	十大功劳属	十大功劳 *Mahonia fortunei*（Lindl.）Fedde	常见
小檗科	南天竹属	南天竹 *Nandina domestica* Thunb.	常见
悬铃木科	悬铃木属	二球悬铃木 *Platanus* × *acerifolia*（Aiton）Willd.	常见
金缕梅科	蚊母树属	蚊母树 *Distylium racemosum* Sieb. et Zucc.	海安海陵公园、圆陀角风景区、丰利镇丰利中学校长袁金华家院内
金缕梅科	枫香属	枫香 *Liquidambar formosana* Hance	常见
金缕梅科	枫香属	北美枫香 *Liquidambar styraciflua* Linn.	江苏神绿园林

续　表

科名	属名	种名	常见分布地点
榆科	朴属	小叶朴 *Celtis bungeana* Bl.	狼山
榆科	朴属	珊瑚朴 *Celtis julianae* Schneid.	绿缘、三产苗圃
榆科	青檀属	青檀 *Pteroceltis tatarinowii* Maxim.	剑山
榆科	榆属	垂枝榆 *Ulmus pumila* var. *pendula* Hort. ex Rehd.	常见
桑科	榕属	无花果 *Ficus carica* Linn.	常见
桑科	桑属	鲁桑（湖桑） *Morus alba* var. *multicaulis* (Perrott.) Loud.	常见
荨麻科	苎麻属	悬铃叶苎麻 *Boehmeria tricuspis* (Hance) Makino	军山
胡桃科	山核桃属	美国山核桃 *Carya illinoinensis* (Wangenh.) K. Koch	如东县林场、三产苗圃
胡桃科	胡桃属	黑核桃 *Juglans nigra* Linn.	三产苗圃
杨梅科	杨梅属	杨梅 *Myrica rubra* (Lour.) Sieb. et Zucc.	住宅小区、三产苗圃
壳斗科	栎属	短柄枹 *Quercus serrata* Thunb.	狼山
壳斗科	栎属	德州栎（纳塔栎） *Quercus nuttallii* Buckley	海门江海文化园
桦木科	桤木属	江南桤木 *Alnus trabeculosa* Hand. -Mazz.	如东海堤林业站
芍药科	芍药属	牡丹 *Paeonia suffruticosa* Andr.	海安思源居、住宅小区
山茶科	厚皮香属	厚皮香 *Ternstroemia gymnanthera* (Wight & Arn.) Sprague	军山
猕猴桃科	猕猴桃属	中华猕猴桃 *Actinidia chinensis* Planch.	军山

续　表

科名	属名	种名	常见分布地点
藤黄科	金丝桃属	金丝桃 *Hypericum monogynum* Linn.	常见
杜英科	杜英属	杜英 *Elaeocarpus decipiens* Hemsl.	人民公园、路边绿化栽培
椴树科	椴属	华东椴 *Tilia japonica* Simonk.	三产苗圃
锦葵科	苘麻属	苘麻 *Abutilon theophrasti* Medicus	常见
锦葵科	木槿属	海滨木槿 *Hibiscus hamabo* Sieb. et Zucc.	江海堤岸、三产苗圃
锦葵科	木槿属	木芙蓉 *Hibiscus mutabilis* Linn.	常见
锦葵科	木槿属	木槿 *Hibiscus syriacus* Linn.	常见
柽柳科	柽柳属	多枝柽柳 *Tamarix ramosissima* Ledeb.	如东洋口镇六份头村
杨柳科	柳属	爆竹柳 *Salix fragilis* Linn.	海门包场镇凤飞村
绣球科	溲疏属	溲疏 *Deutzia scabra* Thunb.	狼山
绣球科	绣球花属	绣球 *Hydrangea macrophylla*（Thunb.）Ser.	常见
蔷薇科	桃属	桃 *Amygdalus persica* Linn.	常见
蔷薇科	杏属	梅 *Armeniaca mume* Sieb.	常见
蔷薇科	杏属	杏 *Armeniaca vulgaris* Lam.	常见
蔷薇科	樱属	欧洲甜樱桃 *Cerasus avium*（Linn.）Moench	海门三厂街道孝汉村
蔷薇科	樱属	樱桃 *Cerasus pseudocerasus*（Lindl.）G. Don	常见

续　表

科名	属名	种名	常见分布地点
蔷薇科	樱属	日本晚樱 *Cerasus serrulata* Lindl. var. *lannesiana*（Carr.）Makino	常见
蔷薇科	樱属	东京樱花 *Cerasus yedoensis*（Matsum.）T. T. Yu & C. L. Li	常见
蔷薇科	木瓜属	贴梗海棠（邹皮木瓜） *Chaenomeles speciosa*（Sweet）Nakai	住宅小区
蔷薇科	棣棠属	棣棠花 *Kerria japonica*（Linn.）DC.	住宅小区
蔷薇科	棣棠属	重瓣棣棠花 *Kerria japonica* f. *pleniflora*（Witte）Rehd.	住宅小区、东洲公园
蔷薇科	苹果属	山荆子 *Malus baccata*（Linn.）Borkh.	海门江海文化园
蔷薇科	苹果属	三裂叶海棠 *Malus sieboldii*（Regel）Rehd.	海门江海文化园
蔷薇科	苹果属	海棠花 *Malus spectabilis*（Ait.）Borkh.	住宅小区
蔷薇科	石楠属	红叶石楠 *Photinia* × *fraseri* Dress	常见
蔷薇科	李属	紫叶李 *Prunus cerasifera* f. *atropurpurea*（Jacq.）Rehd.	常见
蔷薇科	李属	红梅 *Prunus mume* f. *alphandii*（CarriŠre）Rehder	江苏神绿园林、住宅小区
蔷薇科	李属	李 *Prunus salicina* Lindl.	公园、村落
蔷薇科	火棘属	火棘 *Pyracantha fortuneana*（Maxim.）Li	常见
蔷薇科	梨属	梨 *Pyrus* × *michauxii*	常见

续　表

科名	属名	种名	常见分布地点
蔷薇科	蔷薇属	月季 *Rosa chinensis* Jacq.	常见
蔷薇科	蔷薇属	金樱子 *Rosa laevigata* Michx.	如东人民公园
蔷薇科	蔷薇属	香水月季 *Rosa odorata*（Andr.）Sweet	村落
蔷薇科	蔷薇属	玫瑰 *Rosa rugosa* Thunb.	狼山
蔷薇科	绣线菊属	粉花绣线菊（日本绣线菊） *Spiraea japonica* Linn. f.	公园、海门江海文化园
云实科	云实属	云实 *Caesalpinia decapetala*（Roth）Alston	马鞍山
云实科	紫荆属	湖北紫荆 *Cercis glabra* Pampan.	江苏神绿园林
云实科	决明属	槐叶决明 *Senna sophera*（Linn.）Roxb.	公园、住宅小区
蝶形花科	紫穗槐属	紫穗槐 *Amorpha fruticosa* Linn.	江海堤岸、阳光岛
蝶形花科	锦鸡儿属	锦鸡儿 *Caragana sinica*（Buc'hoz）Rehd.	如东丰利镇丰利中学校长袁金华家院内
蝶形花科	田菁属	田菁 *Sesbania cannabina*（Retz.）Poir.	公园、江海堤岸、海永乡
胡颓子科	胡颓子属	佘山羊奶子 *Elaeagnus argyi* Lévl.	如东县林场、村落
胡颓子科	胡颓子属	木半夏 *Elaeagnus multiflora* Thunb.	如东县林场
胡颓子科	胡颓子属	胡颓子 *Elaeagnus pungens* Thunb.	公园、海涛苗圃
千屈菜科	萼距花属	细叶萼距花 *Cuphea hyssopifolia* Kunth	海门江海文化园
千屈菜科	紫薇属	尾叶紫薇 *Lagerstroemia caudata* Chun et How ex S. Lee et L. Lau	东洲公园

续 表

科名	属名	种名	常见分布地点
千屈菜科	紫薇属	南紫薇 *Lagerstroemia subcostata* Koehne	公园
桃金娘科	红千层属	红千层 *Callistemon rigidus* R. Br.	三产苗圃
桃金娘科	香桃木属	香桃木 *Myrtus communis* Linn.	三产苗圃
蓝果树科	喜树属	喜树 *Camptotheca acuminata* Decne.	绿缘、如东海堤林业站、三产苗圃、军山
山茱萸科	桃叶珊瑚属	花叶青木 *Aucuba japonica* var. *variegata* D'ombr.	公园
山茱萸科	山茱萸属	红瑞木 *Cornus alba* Linn.	港闸城市绿谷
山茱萸科	山茱萸属	灯台树 *Cornus controversa* Hemsl.	公园
山茱萸科	山茱萸属	梾木 *Cornus macrophylla* Wall.	崇川博物苑
山茱萸科	山茱萸属	毛梾 *Cornus walteri* Wangerin	三产苗圃
冬青科	冬青属	龟甲冬青 *Ilex crenata* var. *convexa* Makino.	常见
冬青科	冬青属	大叶冬青（苦丁茶） *Ilex latifolia* Thunb.	三产苗圃、狼山
冬青科	冬青属	铁冬青 *Ilex rotunda* Thunb.	海涛苗圃
黄杨科	黄杨属	雀舌黄杨 *Buxus bodinieri* Lévl.	住宅小区
大戟科	算盘子属	算盘子 *Glochidion puberum*（Linn.）Hutch.	军山
大戟科	野桐属	野梧桐 *Mallotus japonicus*（Thunb.）Muell. Arg.	东洲公园
大戟科	油桐属	油桐 *Vernicia fordii*（Hemsl.）Airy Shaw	军山

续 表

科名	属名	种名	常见分布地点
鼠李科	马甲子属	铜钱树 *Paliurus hemsleyanus* Rehd.	园博园
葡萄科	蛇葡萄属	蛇葡萄 *Ampelopsis glandulosa*（Wall.）Momiy.	常见
葡萄科	爬山虎属	五叶地锦 *Parthenocissus quinquefolia*（Linn.）Planch.	常见
葡萄科	葡萄属	葡萄 *Vitis vinifera* Linn.	海安思源居、如东县林场、住宅小区、村落
无患子科	栾树属	栾树 *Koelreuteria paniculata* Laxm.	江苏神绿园林、公园、如东海堤林业站
七叶树科	七叶树属	七叶树 *Aesculus chinensis* Bunge	江苏神绿园林、紫薇公园、海涛苗圃
槭树科	槭属	五角枫 *Acer pictum* subsp. *mono*（Maxim.）Ohashi	公园
槭树科	槭属	挪威槭 *Acer platanoides* Linn.	海门江海文化园
槭树科	槭属	糖枫（糖槭） *Acer saccharum* Marsh.	海涛苗圃
槭树科	槭属	中华槭 *Acer sinense* Pax	海涛苗圃
芸香科	柑橘属	金橘（金柑） *Citrus japonica* Thunb.	住宅小区、村落
芸香科	柑橘属	文旦 *Citrus maxima*（Burm.）Osbeck	海陵公园、住宅小区、袁庄镇生态农业观光园、村落
芸香科	柑橘属	香橼 *Citrus medica* Linn.	思源居、如东人民公园、住宅小区、村落、狼山
芸香科	柑橘属	柑橘 *Citrus reticulata* Blanco	思源居、住宅小区、村落

续 表

科名	属名	种名	常见分布地点
芸香科	花椒属	青花椒（崖椒） *Zanthoxylum schinifolium* Sieb. et Zucc.	公园
芸香科	花椒属	野花椒 *Zanthoxylum simulans* Hance	启东范公堤
五加科	常春藤属	中华常春藤 *Hedera nepalensis* var. *sinensis* (Tobl.) Rehd.	常见
五加科	刺楸属	刺楸 *Kalopanax septemlobus* (Thunb.) Koidz.	公园
五加科	鹅掌柴属	鹅掌柴 *Schefflera heptaphylla* (Linn.) Frodin	海安体育馆
五加科	通脱木属	通脱木（通草） *Tetrapanax papyrifer* (Hook.) K. Koch	公园
杜鹃花科	杜鹃花属	锦绣杜鹃 *Rhododendron* × *pulchrum* Sweet	常见
杜鹃花科	杜鹃花属	杜鹃 *Rhododendron simsii* Planch.	军山
杜鹃花科	越橘属	蓝莓 *Vaccinium corymbosum* Linn.	海门三厂街道孝汉村
柿树科	柿属	瓶兰花 *Diospyros armata* Hemsl.	花木大世界
安息香科	秤锤树属	秤锤树 *Sinojackia xylocarpa* Hu	狼山
山矾科	山矾属	光亮山矾 *Symplocos lucida* (Thunb.) Siebold et Zucc.	三厂苗圃
马钱科	灰莉属	非洲茉莉 *Fagraea ceilanica* Thunb.	海陵公园
夹竹桃科	长春花属	长春花 *Catharanthus roseus* (Linn.) G. Don	住宅小区
夹竹桃科	蔓长春花属	蔓长春花 *Vinca major* Linn.	常见
马鞭草科	紫珠属	华紫珠 *Callicarpa cathayana* H. T. Chang	海涛苗圃

续　表

科名	属名	种名	常见分布地点
马鞭草科	紫珠属	白棠子树 *Callicarpa dichotoma*（Lour.）K. Koch	海涛苗圃
马鞭草科	莸属	蒙古莸 *Caryopteris mongolica* Bunge	海门江海文化园
马鞭草科	大青属	臭牡丹 *Clerodendrum bungei* Steud.	公园
马鞭草科	马缨丹属	五色梅（马缨丹） *Lantana camara* Linn.	公园
马鞭草科	牡荆属	黄荆 *Vitex negundo* Linn.	公园
马鞭草科	牡荆属	牡荆 *Vitex negundo* var. *cannabifolia*（Sieb. et Zucc.）Hand. -Mazz.	狼山
醉鱼草科	醉鱼草属	大叶醉鱼草 *Buddleja davidii* Franch.	公园
醉鱼草科	醉鱼草属	醉鱼草 *Buddleja lindleyana* Fortune	博物苑、公园
木犀科	连翘属	金钟花 *Forsythia viridissima* Lindl.	常见
木犀科	白蜡树属	美国白蜡树 *Fraxinus americana* Linn.	行道树
木犀科	白蜡树属	白蜡树 *Fraxinus chinensis* Roxb.	行道树
木犀科	素馨属	探春花 *Jasminum floridum* Bunge	公园、海门江海文化园
木犀科	素馨属	云南黄素馨 *Jasminum mesnyi* Hance	常见
木犀科	素馨属	迎春花 *Jasminum nudiflorum* Lindl.	海陵公园、人民公园
木犀科	女贞属	卵叶女贞（花叶女贞） *Ligustrum ovalifolium* Hassk.	海涛苗圃、公园
木犀科	女贞属	金叶女贞 *Ligustrum* × *vicaryi* Hort	常见

续 表

科名	属名	种名	常见分布地点
玄参科	泡桐属	兰考泡桐 *Paulownia elongata* S. Y. Hu	村落
紫葳科	凌霄属	凌霄 *Campsis grandiflora*（Thunb.）Schum.	海安思源居、住宅小区
紫葳科	凌霄属	美国凌霄 *Campsis radicans*（L.）Bureau	如东海堤林业站
茜草科	虎刺属	虎刺 *Damnacanthus indicus* Gaertn. f.	军山
五福花科	荚蒾属	荚蒾 *Viburnum dilatatum* Thunb.	江苏神绿园林、如东人民公园
五福花科	荚蒾属	绣球荚蒾 *Viburnum macrocephalum* Fort.	公园
五福花科	荚蒾属	琼花 *Viburnum macrocephalum* f. *keteleeri*（Carrière）Rehder	如东人民公园
五福花科	荚蒾属	蝴蝶荚蒾 *Viburnum plicatum* f. *tomentosum*（Miq.）Rehd.	如东人民公园
五福花科	荚蒾属	雪球荚蒾 *Viburnum plicatum* Thunb.	如东人民公园
忍冬科	糯米条属	大花六道木 *Abelia* × *grandiflora*（André）Rehd.	海门江海文化园、公园
忍冬科	忍冬属	忍冬（金银花） *Lonicera japonica* Thunb.	常见
忍冬科	锦带花属	海仙花 *Weigela coraeensis* Thunb.	村落
忍冬科	锦带花属	锦带花 *Weigela florida*（Bunge）A. DC.	启东圆陀角风景区
菊科	芙蓉菊属	芙蓉菊 *Crossostephium chinensis*（A. Gray ex L.）Makino	海门江海文化园

续　表

科名	属名	种名	常见分布地点
槟榔科	刺葵属	加拿利海枣 *Phoenix canariensis* Chabaud	住宅小区
禾本科	簕竹属	孝顺竹 *Bambusa multiplex*（Lour.）Raeusch. ex Schult.	常见
禾本科	箬竹属	箬竹 *Indocalamus tessellatus*（Munro）Keng f.	紫薇公园
禾本科	刚竹属	毛竹 *Phyllostachys edulis*（Carrière）J. Houz.	公园
禾本科	刚竹属	龟甲竹 *Phyllostachys edulis* f. *heterocycla*（Carrière）V. N. Vassil.	常见
禾本科	刚竹属	紫竹 *Phyllostachys nigra*（Lodd. ex Lindl.）Munro	紫薇公园、如东海堤林业站
禾本科	刚竹属	早园竹 *Phyllostachys propinqua* McClure	海陵公园、村落
禾本科	刚竹属	金竹 *Phyllostachys sulphurea*（Carr.）Riv. & C. Riv.	公园
禾本科	苦竹属	苦竹 *Pleioblastus amarus*（Keng）Keng f.	港闸城市绿谷
百合科	假叶树	假叶树 *Ruscus aculeatus* Linn.	军山
龙舌兰科	丝兰属	凤尾丝兰 *Yucca gloriosa* Linn.	常见
菝葜科	菝葜属	菝葜 *Smilax china* Linn.	常见

图 4－47　贴梗海棠（来源不明）

图 4－48　接骨木（来源不明）

图 4－49　海桐（来源不明）

图 4－50　苘麻（来源不明）

图 4－51　喜树（来源不明）

图 4－52　樱花（来源不明）

图 4－53　红千层（来源不明）

图 4－54　苏铁（来源不明）

图 4－55　醉鱼草（来源不明）

图 4－56　南方红豆杉（来源不明）

图 4－57　紫荆（来源不明）

第五章

林木种质资源综合分析

林木种质资源清查包括野生林木种质资源、古树名木和栽培利用林木种质资源等多个方面的调查。它不仅涉及林木种质资源的类型，而且涉及林木种质资源的分布、特点及保存情况。本章根据此次为期四年的清查结果，对南通市境内林木种质资源的种类、数量、分布及特点，以及这些林木种质资源的收集、保存以及利用价值等进行综合分析。

第一节　林木种质资源的特点

根据三年多的野外调查，现已初步查明南通市境内的林木种质资源的种类、分布及保存状况。现对南通市 7 个调查单元的林木种质资源进行汇总分析，在此基础上归纳南通市的林木种质资源特点。

一、各调查单元的林木种质资源

根据野外调查结果，对南通市各调查单元的不同类型的林木种质资源进行汇总，见表 5－1。

根据南通每个调查单元分布的林木种质资源，崇川区和港闸区分布的林木种质资源份数最多，达 457 份（不含来源不明，下同）；其次为如皋市，有 172 份林木种质资源；再次为海门市，有 157 份。此后依次为：启东市有 155 份，如东县有 139 份，通州区有 127 份，而海安市分布的林木种质资源份数最少，仅 100 份。可见，南通市的 7 个调查单元的林木种质资源差异较大，份数最多的区域是最少的四倍多。这主要是由于南通市境内没有高山，主要为平原，而南通市境内仅有的五小山均见于崇川区。此外，由于南通地理位置优越，

表 5-1　南通市各调查单元林木种质资源统计表（单位：份）

地区	野生林木			栽培利用						古树名木	来源不明	小计
	群体	个体	优树	群体	个体	优树	无性系	选育品种	地方品种			
崇川区和港闸区	60	37	1	40	43	7	19	0	0	250	105	562（457）
海门市	8	9	0	0	55	2	30	3	0	50	139	296（157）
启东市	3	7	1	0	96	3	12	2	0	31	107	262（155）
如皋市	3	4	0	0	13	1	12	1	0	138	87	259（172）
如东县	9	16	0	0	18	1	13	0	2	80	89	228（139）
通州区	3	6	0	0	10	0	15	1	0	92	93	220（127）
海安市	4	7	0	0	21	0	20	6	0	42	109	209（100）
合计（份）	90	86	2	40	256	14	41	11	2	683	176	1 401（1 225）

注：表中对于栽培利用的无性系或选育品种，在汇总 7 个调查单元的数据时，不重复计入。来源不明类型也做同样处理。

它是以工业革命推动中国城市近现代化的典范，而不少近代工业革命的厂房、学校或博物馆等均位于崇川区。如位于崇川区濠南路 19 号的南通博物苑，由著名爱国实业家张謇于 1905 年创办，是中国第一座公共博物馆，也是中国博物馆事业的发祥地。因此，这一调查区域内的栽培林木种质资源在 7 个调查单元中也是最多的，共有 109 份，而且种质资源的类型较多。这 109 份栽培种质包括群体 40 份、个体 43 份、优树 7 份和无性系 19 份。

就各调查单元的种质类型分布情况而言，古树名木林木种质资源最为丰富。其中，崇川区和港闸区的古树名木份数最多，有 250 份；其次为如皋市，有 138 份；启东市的古树名木份数最少，仅有 31 份。就野生林木种质资源而言，南通市不同调查单元的野生林木种质资源均较为贫乏。相比而言，崇川区和港闸区的野生林木种质最为丰富，有 98 份，但绝大多数都分布在崇川区的狼山和军山。目前野生林木资源相对集中分布的军山、狼山等五小山已于2018年被中国森林风景资源评价委员会批准为“江苏南通五山国家森林公园”。另外，不同调查单元的栽培林木和来源不明的林木种质资源，很大程度上取决于当地的引种栽培力度。一般而言，有较丰富的栽培林木种质资源的调查单元，来源不明的栽培林木种质资源也较多。

二、南通市的林木种质资源特点

参照《江苏省林木种质资源清查技术标准》，南通市境内的林木种质资源除收集保存的林木种质资源没有分布外，其余3大类均有分布（表5-2）。这3大类包括：

表5-2　南通市林木种质资源统计表

序号	类　别	林木种质资源的类型/份	占种质资源总数的百分比/%
1	野生林木种质资源	178	14.53
2	收集保存林木种质资源	0	0.00
3	栽培利用林木种质资源	364	29.71
4	古树名木	683	55.76
5	来源不明林木种质资源	176（种）	—
合计/份		1 401（1 225）	100.00

注：种质资源的总数不含来源不明林木种质资源。

（1）野生林木种质资源178份，包括群体90份，个体86份和优树2份；

（2）栽培利用林木种质资源364份，包括群体40份、个体256份、优树14份、选育品种11份、无性系41份和地方品种2份；

（3）古树名木683份，全部为单株。

此外，来源不明林木种质资源有176种。

因此，目前南通的林木种质资源共有1 225份（不含来源不明林木种质资源）。在这些种质资源类型中，以古树名木类型的林木种质资源最多，有683份，占总数的55.76%；其次为栽培利用的林木种质资源，有364份，占总份数的29.71%；再次为野生林木种质资源类型，有178份，占总数的14.53%。

究其原因，这主要与南通市地处长江下游的冲积平原，境内有军山、狼山、马鞍山、黄泥山和剑山等五小山，同时长期以来该市一直重视引种林木栽培有关。例如在古树名木中，银杏的比例最高，有 328 株之多，占古树名木总数的 48.02%。银杏为我国特有树种，生态适应性强，适宜在排水良好的酸性或中性土壤生长（李玲等，2011；王坚强和张光富，2019）。此外，该区的来源不明的栽培植物也占有较大比例，有 176 种，占总种（376 种）数的近 46.81%。这反映出该区林木种质资源中引种栽培植物种类也较多。

这 1 225 份林木种质资源及 176 种来源不明的林木种质资源，共涉及 376 种木本植物，隶属于 192 属 83 科。其中包括：野生林木种质资源 178 份，隶属于 67 种（包括亚种、变种和变型，下同）59 属 35 科；栽培利用林木种质资源 364 份，隶属于 142 种 88 属 55 科；古树名木 683 份，隶属于 69 种 52 属 38 科。此外，来源不明的林木种质资源 176 种，隶属于 119 属 66 科。

此外，南通市栽培利用的林木品种共计 54 个，隶属于 36 种 31 属 21 科。因此，就种类而言，除来源不明的类型外，该区的林木种质资源以栽培利用林木种质资源的植物种类最多。

第二节　林木种质资源收集及保存现状

林木种质资源的收集与保存是维持林木遗传多样性的基础。这里主要根据最近几年的野外调查资料，同时结合林木种质资源保存原则，对南通不同林木种质资源的收集与保存现状进行简要分析。

一、野生林木种质资源

根据调查，南通市的野生林木种质资源主要分布于村边、路旁、房前屋后、水沟旁以及崇川区的五小山、港闸区的城市绿谷等地。一方面，由于这些植物大多为常见植物，并且树木的材质欠佳，因此它们通常并未引起当地民众或相关职能部门的重视或关注，如旱柳、白杜、黄檀等。另一方面，这些种质资源可能由于并不为人们所熟知而往往受到忽视，如乔木树种厚壳树、灌木树种海州常山，大型木质藤本植物蘡薁等。因此，建议当地相关职能部门能够根据此次调查的结果，对南通市的野生林木种质资源引起足够的重视，同时积极开展种质资源的登记造册、保护管理及开发利用等工作。

另外，崇川区和港闸区的野生林木种质资源主要分布于崇川区的军山、狼山、马鞍山等五小山以及港闸区的城市绿谷。这与南通市境内的其他县、市、区有着明显的不同，后者主要分布于村边、路旁以及房前屋后。而且就种类而言，崇川区和港闸区的野生林木有 60 种之多，这也远远超过南通市境内的其他 6 个调查单元（启东市、海门市、海安市、如皋市、如东县和通州区）。崇川区的五小山于 2018 年已被国家林业局批准为“江苏南通五山国家森林公园”，目前军山和狼山等地正在进行大规模的景区改造和建设。这些生产建设活动将不可避免地影响到区域内野生林木资源的生长与繁衍。因此，建议相关职能部门加强对该区现有野生林木种质资源的重视与管理。

二、栽培利用林木种质资源

南通栽培利用的林木种质资源主要见于村落、社区、房前屋后、学校、街道、私人博物馆以及崇川区的五小山、港闸区的城市绿谷等地。就所有权而言，大多属于集体所有。但是也有部分植物属于私人所有，如如皋市搬经镇加力村 32 组的国槐，仓沙街道港北 23 组刘育兰房前的桑（*Morus alba*）。

由于长期以来对栽培林木种质资源认识不足，调查过程中发现不少当地村民，甚至有些基层林业官员也对这一种质类型缺乏应有的重视。这主要表现在：对栽培林木种质的概念不清，往往将其混同于栽培的树种；不清楚引种栽培的林木种质资源的产地来源；对区域内的栽培种质家底不清，少数树种鉴定有误。例如，我们此次调查发现，在海门市东洲公园保存了目前全省唯一的一株尾叶紫薇，长期以来一直被误认为是光皮树（*Cornus wilsoniana*）。

三、古树名木

南通市的 683 株古树名木中，433 株主要见于村落、学校、住宅小区、教堂、烈士陵园、土地庙、寺庙、博物馆等地。而崇川区和港闸区的古树名木则主要见于狼山、军山、啬园、博物苑以及城市绿谷等地。大多数古树名木均已在 2016 年的南通市古树名木调查时登记和挂牌。但是调查过程中发现，个别植株已经枯死，如银杏（编号 63028），或者树龄未达到古树名木的标准，如紫薇（编号 63019），银杏（编号 67199 和 67206），这些植株应该予以剔除。

与野生或栽培的林木种质资源相比，南通市境内的古树名木搜集和保存工作做得较为扎实。这主要与此次调查前，全省已经开展过江苏古树名木的调查有关。在此次林木种质资源清查过程中，针对调查范围内的古树名木主要进行种类、数量和分布地点的核实，新增或删除了少数古树名木，对部分古树名木保存中存在的问题向当地相关职能部门进行了反映。可喜的是，南通当地的民众和林业管理人员对于古树名木的保护意识普遍较强。如通州区林果站针对我们调查时指出的古树名木保护存在的问题，如有些植株主干倾斜、生境质量较差、个别古银杏上附生植物较多等情况（朱伟等，2019），积极采取相应的保护措施，并取得了明显成效。

四、来源不明的林木种质资源

来源不明的林木种质资源的收集和保存情况与栽培利用的林木种质资源较为类似，主要表现为重视程度不够。

总体而言，南通林木种质资源的收集、保存工作亟待加强。尤其是针对部分野生林木和古树名木，由于产权属于集体所有，在生产建设活动中往往易于被忽视，从而导致其生存状态较差，如位于海安市曲塘镇碧水华庭内的银杏雌株（编号为 61002），胸径达 149. 7 cm。野外调查发现，其长势一般，树皮部分剥落，古树名木性别登记为雄株，实际为雌株；并且植株的萌枝较多，有 30 余个。位于海门市正余镇河岸村 12 组原中心校后的银杏雌株，由于原来的学校已经废弃，现已改为农田。在调查过程中了解到，该区一年两熟，即种植水稻和小麦。这株银杏的地面与农田几乎一样高，为了保护其不被水淹，当地群众自发地向该树干基部培土，但是由于水稻种植过程中有相当长时间需要浸泡在水中，使得这株银杏生长不良，上部枝条已经开始枯死。这是 1 株新增的古树名木，因此亟待对该植株进行迁地保护。此外，个别古树名木的种名鉴定有误，亟待更正。如生长于海安市中洋集团中润公司内的冬青卫矛，调查过程中发现其挂牌为“大叶黄杨（*Buxus megistophylla*）”。

因此，我们建议该区的林木种质资源保存应该本着“优先保护、抢救保存、注重实效、服务社会”的原则。积极动员民间、个人与集体的力量，与相关职能部门共同做好林木种质资源的收集与保存。同时，积极建立健全林木种质资源的保护体系（叶俊伟等，2018）。

第三节　林木种质资源利用情况

林木种质资源的收集与保存是为了更好地加以利用。这里主要根据野外情况及相关资料，对南通不同林木种质资源的利用情况进行简要分析。

一、林木种质资源的利用现状

根据野外调查，南通市林木种质资源的利用情况，可以归纳为以下两类：

1. 直接利用

此类利用主要是针对果树，如银杏、柿、枇杷等，当地村民每年会采集其果实或种子以食用或出售。此外，也有个别村民采集少数植物如榉树的种子进行育苗繁殖。

2. 间接利用

此类利用主要根据某些树种的特性，用于绿化、观赏以及环境美化，如红叶石楠、紫叶李、红花檵木等，以及利用野生林木形成森林景观或由古树名木形成古树名木景观开展森林公园旅游、观光、娱乐、科普等活动。

此外，该区不少林木种质资源的利用方式，往往两者兼而有之，如枇杷、银杏、大叶榉树等。

二、与邻近地区林木种质资源利用情况的比较

根据与江苏省不同地区（徐州、盐城、泰州和宿迁市）的林木种质资源利用情况的比较，我们发现：这些地级市的林木利用情况较为相似，即利用程度不高，已有的利用方式相对较为单一。这可能与这些地区总体林木种质资源有限、原生林木种质资源较少、林木种质资源的收集和保存工作有待加强有关。

第四节　林木种质资源利用潜力评价

根据南通林木种质资源的现状和特点，客观评价林木种质资源的利用潜力，对于今后该区的林木种质资源利用与保护具有较为重要的意义。

一、林木种质资源与种子资源的区分

首先，应该区分林木种质与种子资源的区别。客观而言，我国对于林木种质资源的重视程度、收集保护和开发利用的水平与发达国家相比尚有不小的差距。在调查中发现，有些林业技术人员往往将采种育苗等同于利用林木种质资源，其实不然。因此，首先应该普及林木种质资源的宣传教育，培养林业技术人员对林木种质资源的正确认识；其次，应该正确认识林木种质资源的潜在利用价值。

二、林木种质资源利用潜力的评价

当前调查结果显示：南通市境内的林木种质资源共有 1 225 份，其中野生林木种质资源有 178 份。其中，崇川区和港闸区的野生林木种质资源有 98 份，占总份数的 55.06%，是南通市 7 个调查单元中野生林木种质资源最为丰富的地区。这可能主要与该区的地形地貌特点有关，调查区域内不仅有平原，也有山地。并且，南通市唯一的一个国家森林公园——江苏南通五山国家森林公园坐落于此，调查区域内的次生林保存较为完好。因此，今后对该市野生的林木种质资源，不论是群体、个体，还是优树，均可以优先考虑并加以合理利用。例如，乌桕、厚壳树和柘树等的育苗和栽培，可以优先考虑从南通市崇川区和港闸区的野生林木种质中资源采种，而不是从外地引种栽培。

此外，针对该区林木种质资源的组成和特点，我们认为今后该区的林木种质资源利用应该侧重考虑区域内的古树名木资源。尤其是该区长期引种栽培、生长良好的古树，建议从这些树种及品种中开展林木遗传资源分析，以便筛选出适合当地土壤、气候等生态条件的树种。例如，此次调查发现，南通市古树名木有 683 株，隶属于 38 科 52 属 69 种。其中，株数最多的前 3 个树种分别为银杏、大叶榉树和朴树。这些古树名木均为单株。绝大多数植株生长良好。

以银杏为例，最大的1株胸径达256.7 cm，树龄达1510年，位于如皋市搬经镇卢庄村苏正明宅前。又如大戟科的重阳木、乌桕、罗汉松科的罗汉松、榆科的朴树等树种，在该区均表现出极强的生态适应性。因此，这次调查发现的南通市古树名木种质资源在理论上具有较大的开发利用潜力。今后当地林业生产应加强适地适树、科学用种的理念，正确选择树种，因地制宜，适地适树，尽可能就地采种、当地育苗、原地造林，充分发挥原生林木种质资源的开发利用潜力。

第六章

林木种质资源保护与利用对策

经过四年的林木种质资源调查，目前我们已经基本查清了南通市境内林木种质资源的种类组成、种群数量以及地理分布等情况，这为该区今后林木种质资源的保护与管理提供了宝贵的第一手资料。本章主要根据该区林木种质资源的分布特点，简要剖析在经济快速发展的同时，南通市林木种质资源保护所面临的重大挑战，并提出木本植物保护的相应策略。

第一节　原地与异地保护总体设想

林木种质资源是生物多样性的基础，是林木育种的重要材料，是林业生产力发展的基本战略资源。保护珍稀、濒危或地方性的林木种质资源，既是国家林木种质资源保护利用的战略需求，也是地方性林木种质资源的搜集、保存和利用的客观需要。

通常，林木种质资源的保存方法包括两类：原地保护和异地保护。

一、原地保护对策

原地保存（*in-situ* conservation）指将种质资源在原生地进行保存，也称就地保存（Primack 等，2014）。它是保存林木种质资源的一种常用方法。例如设立自然保护区或国家森林公园，以保护野生林木和相关植物种类。此外，原地保护也是生物多样性保护中最为有效的一项措施，是拯救濒危物种的必要手段。Wilhere（2008）也曾指出，理想的濒危物种保护计划应该是最大限度地在受保护栖息地的高质量区域保护尽可能多的个体。

而掌握一个地区的林木种质资源，对于该区的林木种质资源保护规划具有重要的现实意义。南通市是江苏经济发展较快的地区之一，该市对于林木资源的保护与管理工作历来相当重视。2012—2016年，南京林业大学等单位先后对南通市的军山（自然生态保留地）开展森林群落的调查与分析，报道军山共有植物400余种。2018年，南通市环保局开展了通州区生物多样性本底调查工作。这些工作对于该市的林木种质资源保护与管理均起到了积极的推动作用。

根据江苏省统一部署与安排，将南通市的海安市、启东市、如皋市、如东县、通州区、海门市以及崇川区和港闸区分别作为7个调查单元。2017年，南京师范大学的植物分类专业调查队伍和南通市林业部门及乡镇等林业技术人员对该市境内的林木种质资源进行了初步清查。通过资料查阅、广泛动员、乡镇摸底、专家带队、实地清查、线路踏查、样方调查等多种方式，按照乡镇（或街道）进行逐一调查，基本摸清了该区的林木种质资源家底。

2017至2018年，在省种苗站的指导下，南京师范大学生命科学学院的专业技术人员对区域内的林木种质资源开展了较为系统而全面的深入调查，并且取得了初步的成效。例如，此次调查发现了该市境内野生林木种质资源178份，共计67种。此外，核实、补充、新增了南通市境内的古树名木记录，主要包括：记录了银杏、罗汉松、柘树等雌雄异株植物的植株性别；核实每株古树名木的存活情况及生长现状；纠正了部分种类的错误鉴定；剔除了部分不符合标准的"古树名木"。调查发现该区共有古树名木683株，计69种，从而极大地丰富了该区的古树名木种质资源。此次调查结果为今后该区的种质资源的科学保护管理与合理开发利用提供了重要参考。

由于南通市地处江海平原，境内成陆历史较短，人为活动强烈，野生林木种质资源总体偏少，因此加强这些古树名木的种质资源保护显得更为重要。调查过程中还发现，由于缺乏科学有力指导、产权职责不够明确，加之部分地区社会经济活动频繁，有的古树生存空间狭小、个别古树的生境质量欠佳（朱伟等，2019）。更重要的是，该区的林木种质资源尚未有效收集、保存和利用。

为此，笔者提出如下建议：

（1）首先应该加强对该区的林木种质资源的收集、登记和保存，尽可能避免林木种质资源的流失或丧失；

（2）加强对该区不同类型的林木种质资源的管理，增强指导的针对性。例如，今后引种栽培树木时，建议尽可能首先明确其种质来源，并且应该优先考虑本地的林木种质资源。

（3）根据该区的林木种质资源的组成和特点，建议特别重视和加强对野生林木及古树名木种质资源的有效管理与科学保护。

值得一提的是，随着“江苏南通五山国家森林公园”的设立以及南通市“国家森林城市”的成功创建，目前已经对崇川区的军山、狼山等地的易于塌方的地段开展抢救性保护和改建，这对于促进该区的林木种质资源保护具有重要的实践意义。

二、异地保护对策

异地保护，即迁地保护（*ex situ* conservation），是指将一些在野外有灭绝风险的种质资源通过人类的监管在原生境以外进行保存的方法（Zhang *et al.*，2018）。它是对就地保护的必要补充（Li and Pritchard，2009；Li and Zhang，2015），是林木种质资源保护的重要组成部分。

目前我们调查的 1 225 份林木种质资源中，野生林木种质资源有 178 份，其中，崇川区和港闸区的野生林木种质资源有 98 份，占总份数的 55.06%，是南通市 7 个调查单元中野生林木种质资源最为丰富的地区。而由于工程建设的需要，目前军山、狼山等地正在进行部分景区改造及工程建设。我们建议在建设过程中，对涉及的部分野生林木种质资源，能够进行移栽。

其次，对于少数生境质量退化的古树名木，可以考虑进行迁地保护。如生长于海安镇通学桥村 14 组的银杏（N32.475 40°，E120.488 80°，编号 61007），栽培在路边水沟旁，长势一般。生长于海门市包场镇轴西村 15 组的水沟边的柘树，胸径达 30.0 cm，也可以考虑进行迁地保护。此外，由于南通市目前正在修建城市地铁，少数古树名木因工程建设需要不得不暂时进行移栽。然而调查过程中发现，个别移栽的古树生长情况欠佳。例如编号为“67086”的银杏（雌株），胸径为 79.5 cm，因为修建地铁而于 2018 年临时移栽至南通市第一中学，生长情况一般。因此，我们建议，如有可能，在地铁修建完成后可以考虑尽快将银杏移回原处。另外，对于古树名木的管理需要进一步加强，如夏季干旱通常是导致一级古树死亡的主要诱因（Choat *et al.*，

2018；Liu *et al*.，2019），因此夏季持续干旱时期对古树进行浇水就显得十分必要。

此外，建议对已经栽培的林木种质资源应该加强管理和监测。

第二节 重点树种种质利用计划设想

林木种质尽管有多种类型，但是树种是林木种质的关键。而一个地区的重点树种则是该区林木种质资源的重中之重。李振声院士曾经指出："一个基因可以影响一个国家的兴衰；一个物种可以左右一个国家的经济命脉；一个优良的生态群落的建立可以改善一个地区的环境。"世界林业发达国家芬兰，通过全面实行造林良种化，使纸和纸板的出口量分别占据世界总量的10%和15%，林业成为国家重要支柱产业，彰显了种质资源突出的"裂变"价值。2014年，国家林业局出台了《全国林木种质资源调查收集与保存利用规划（2014—2025年）》。当前，在全球森林面积锐减、物种濒危加速、森林健康受到威胁、森林功能严重衰退的情况下，加强资源保护和利用已成为人类应对发展问题的共识。

根据最近完成的南通市林木种质资源调查，同时针对南通市的自然地理条件以及社会经济现状，我们在此建议：对该市1 225份林木种质资源应该优先考虑以下3类树种的开发利用。

一、珍稀树种

根据调查，南通市的国家级珍稀树种共有9种。其中，国家Ⅰ级重点保护野生植物有4种，包括银杏、苏铁、水杉和南方红豆杉；国家Ⅱ级重点保护野生植物有5种，包括大叶榉树、香樟、秤锤树、喜树和鹅掌楸（钟育谦，2016）。根据调查结果及分析，本市生长的这9个树种中，其中4种（南方红豆杉、秤锤树、喜树和鹅掌楸）均为来源不明的林木种质资源类型，植株长势一般，而且它们的分布较为零星。水杉在本市尽管属于栽培利用的林木种质资源，包括栽培群体1份，个体2份和优树1份，但相较于银杏、大叶榉树等，数量较少。而且，其种质来源并不清楚。相比之下，本市生长的银杏、大叶榉树和香樟，其种质资源类型较为多样，种群数量较大，分布较广，生长较好。

江苏林业局近年来提出：国土绿化要与彩色化、珍贵化、效益化有机结合。而银杏秋季叶色金黄，大叶榉树秋季叶色绯红，香樟为常绿乔木但老叶为红色，因此这 3 个树种均具备“三化”的典型特征。当前的调查结果显示：银杏、大叶榉树和香樟在该市分别有古树名木 328 株、45 株和 12 株，其最大胸径分别达 256.7 cm、114.0 cm 和 102.7 cm。这表明这 3 个树种在南通市历经百年风雨，生长良好，均表现出良好的生态适应性。

因此，我们建议将银杏、大叶榉树和香樟这 3 个树种列为今后重点开发利用的珍贵树种。

(1) 银杏为银杏科的落叶乔木，为我国特有的珍稀濒危树种（傅立国，1991；Gong *et al.*，2008）。在 1999 年国务院批准的《国家重点保护野生植物名录（第一批）》中被列为国家Ⅰ级濒危植物，在 2013 年《中国生物多样性红色名录——高等植物卷》中又被列为极危种（CR）。银杏材质坚硬，纹理致密，树冠优美，叶形奇特，常作为良好的城镇绿化树种（张光富，2007；杨永等，2017）。而且，银杏为长寿命树种（Tredici，2008；Crane，2016）。此次调查发现，南通市境内有银杏栽培群体 1 份、栽培优树 1 份、栽培个体 32 份、古树名木种质资源 328 份，在南通市各区县都有分布。

(2) 大叶榉树又名榉树，榆科落叶乔木，为中国乡土树种。具有重要的经济价值：木材供建筑；枝皮纤维可制蜡纸和人造棉；根、树皮还可入药。也可作为庭园观赏树种（徐惠强，2017）。在 1991 年《中国植物红皮书》（第一册）中，榉树被列为国家Ⅱ级保护稀有种；在 1999 年国务院批准的《国家重点保护野生植物名录（第一批）》中该种被列为国家Ⅱ级濒危植物；在 2013 年《中国生物多样性红色名录——高等植物卷》中该种被列为近危（NT）物种（汪松和解炎，2004；覃海宁等，2017）。在此次调查中，发现有大叶榉树野生个体 5 份和群体 1 份、栽培群体 1 份、栽培优树 1 份、栽培个体 21 份、古树名木种质资源 45 份，在南通市各区县都有分布。

(3) 香樟又名樟树，樟科高大常绿乔木，为中国乡土树种。具有重要的经济价值：木材供建筑；种子可榨油；根、枝和叶可提取樟脑或樟油。也可作为庭园观赏树种（王坚强和张光富，2019）。在 1999 年国务院批准的《国家重点保护野生植物名录（第一批）》中该种被列为国家Ⅱ级濒危植物。在此次调查中，发现该区有香樟栽培利用群体 1 份、栽培利用优树 1 份、栽培利用个体 8 份、古树名木种质资源 12 份，在南通市各区县都有分布。

二、特色树种

根据此次调查，我们发现旱柳、柘树、厚壳树、黄檀、枫杨、朴树、白杜、乌桕、重阳木、榔榆和构树在南通市境内有少量野生分布，其生长良好，表现出较好的生态适应性。但是种群分布面积小，数量少。由于旱柳、枫杨、构树较为常见，并且在当地生长易于遭受病虫害，因此建议将柘树、厚壳树、黄檀、朴树、白杜、乌桕、重阳木和榔榆列为特色树种。同时，在本次调查过程中发现的 69 种古树名木中，根据这些树种的生长、分布及保存情况，建议选择罗汉松、雪松、黄杨、黄连木、柞木、三角枫、枇杷、紫薇和黄金树作为特色树种。此外，在栽培的林木种质资源中，光皮梾木和尾叶紫薇生长良好，适应性较强，因此将这两种树种也列作特色树种。

综上所述，南通市的特色树种可以选择如下 19 种树种。现对它们分别介绍如下：

（1）白杜为卫矛科的落叶小乔木，在我国多地广泛分布。该种喜光、耐寒、耐旱、稍耐阴，也耐水湿；深根性树种，萌蘖性强，生长较慢；对土壤要求不高，适应能力强，为常见的庭园观赏树种；叶、根和树皮可入药；木材细韧，宜于雕刻。此次调查，在南通市发现白杜野生林木种质资源群体 1 份、野生个体 12 份、栽培利用种质资源个体 1 份、古树名木种质资源 4 份。

（2）榔榆为榆科的落叶乔木。该种喜光，耐干旱，在酸性、中性及碱性土上均能生长，但以气候温暖、土壤肥沃、排水良好的中性土壤最为适宜。木材坚韧，可供工业用材；也可栽培供观赏；根、皮和嫩叶可入药。在我国多地广泛分布。此次调查，在南通市发现榔榆野生林木种质资源群体 1 份、野生个体 5 份、栽培利用种质资源个体 15 份、古树名木种质资源 7 份。

（3）重阳木为大戟科的落叶乔木。该种分布于我国秦岭、淮河流域以南至福建和广东北部。在长江下游平原或农村四旁习见。为我国乡土树种。重阳木为阳性树种，喜光，稍耐阴。喜温暖气候，耐寒性较弱。对土壤的要求不严，在酸性土和微碱性土中皆可生长，但在湿润、肥沃的土壤中生长最好。耐旱，也耐瘠薄，且能耐水湿，抗风耐寒，生长快速，根系发达。木材坚韧，可供材用；也可栽培作行道树；种子含油率30%，可供食用或作润滑油。此次调查，在南通市发现重阳木野生林木种质资源群体1份、个体3份、栽培利用种质资源个体2份、栽培优树1份、古树名木种质资源6份。

(4) 柘树为桑科的落叶乔木。在我国多地广泛分布。由于植株具枝刺，材质优良，在南通地区被称作榨榛。茎皮是很好的造纸原料；叶可饲蚕；果可食，并可酿酒；叶、茎、根皮均可入药；木材心部黄色，质坚硬细致，可作家具用或作黄色染料；也为良好的绿篱树种。阳性树种，对气候、土壤适应性很强，耐干旱瘠薄。此次调查，在南通市发现柘树野生林木种质资源群体1份、野生个体10份、古树名木种质资源7份。

(5) 黄檀为蝶形花科落叶乔木。在我国多地广泛分布。由于春季抽枝发芽较晚，也称“不知春”。阳性树种；深根性，萌芽力强；生长缓慢，寿命长；对土壤要求不严，耐干旱瘠薄。木材黄色或白色，材质坚密，能耐强力冲撞，常用作车轴、榨油机轴心、枪托、各种工具柄等；树皮纤维为人造棉及造纸原料；根可药用；果实可以榨油。此次调查，在南通市发现黄檀野生林木种质资源群体1份、野生个体1份、栽培利用种质资源个体4份、古树名木种质资源5份。

(6) 黄杨为黄杨科的常绿小乔木。该种为中国特有树种，在我国多省有分布，各地广泛栽培。阳性树种，极耐阴；喜温暖湿润气候，耐寒性强；对土壤要求不严，但以肥沃、湿润及排水良好的中性或微酸性土壤为佳；根系发达，萌芽发枝力强，耐修剪，易整形，移栽易成活，生长缓慢；对HF、Cl_2等多种有害气体抗性强。黄杨树姿优美、枝叶繁茂，为优良的庭院绿化观赏或盆栽树种；木材可供雕刻制作工艺品；为春季辅助蜜源植物；根、茎和叶可入药。此次调查，在南通市发现黄杨栽培利用林木种质资源群体1份、栽培个体4份、古树名木种质资源20份。

(7) 朴树为榆科的落叶乔木。我国乡土树种，多地有野生或栽培。为阳性树种；对土壤要求不高；耐干旱瘠薄，也耐一定的水湿、轻盐碱；对SO_2、Cl_2抗性较强。朴树的皮部纤维为麻绳、造纸、人造棉的原料；也可作园林绿化、观赏树种或材用树种。此次调查，在南通市发现朴树野生林木种质资源群体 1 份、野生个体 11 份、栽培利用种质资源个体 10 份、古树名木种质资源 41 份。

（8）紫薇为千屈菜科的落叶乔木。在我国多地广泛分布。由于花期较长，也称“百日红”。阳性树种，稍耐阴；对气候适应性强，耐寒、耐旱、耐水湿，但不耐涝；对土壤要求不严，以肥沃、湿润及排水良好的微酸性壤土为佳；生长较快，萌芽力和萌蘖性强，耐修剪，移栽易成活，寿命长；对 SO_2 等有害气体的抗性较强。此次调查，在南通市发现紫薇栽培利用林木种质资源群体 1 份、栽培个体 7 份、古树名木种质资源 6 份。此外，在该地还发现栽培利用的紫薇品种 3 个，分别是银薇、翠薇和赤薇。

（9）厚壳树为紫草科的落叶乔木。该种在我国多省有分布，多地广泛栽培。它为亚热带及温带树种，喜光也稍耐阴，喜温暖湿润的气候和深厚肥沃的土壤，耐寒、较耐瘠薄，根系发达，萌蘖性好，耐修剪。可生长于平原、丘陵、山坡灌丛或山谷密林中，适应性强。枝叶可入药，为优良的观赏绿化树种。此次调查，在南通市发现厚壳树野生群体 1 份和野生个体 2 份、古树名木 1 份。

（10）枇杷为蔷薇科的常绿乔木。该种在我国多省有分布，各地广泛栽培。该种稍耐阴，喜温暖气候和肥沃湿润、排水良好的土壤，较耐寒。为美丽的观赏树木和果树；果味甘酸，供生食、蜜饯和酿酒用；叶可入药；木材红棕色，可作木梳、手杖、农具柄等。此次调查，在南通市发现枇杷栽培利用林木种质资源个体 4 份、古树名木种质资源 1 份。此外，在该地还发现栽培利用的枇杷品种 2 个，分别是白玉枇杷和大红袍枇杷。

（11）黄金树为紫葳科落叶乔木。原产美国中部及东部，在我国多个省份广泛栽培。黄金树喜光，稍耐阴，喜温暖湿润气候、耐干旱，也较耐寒，不择土壤；适宜深厚湿润、肥沃疏松而排水良好的地方；不耐瘠薄与积水；深根性，根系发达，抗风能力强。树干端直，花色洁白，可作庭荫树或行道树。此次调查，在南通市发现黄金树栽培利用林木种质资源个体 2 份、栽培优树 1 份、古树名木种质资源 3 份。

（12）乌桕为大戟科的落叶乔木。该种为我国乡土树种，分布于长江流域及华南、西南。乌桕为阳性树种；对土壤要求不严，耐水湿、水涝，也能耐一定的干旱；深根性，侧根发达，抗风性强。该种为优良的材用、油料树种，根皮和叶可入药，也是优良的秋季色叶树种。此次调查，在南通市发现乌桕野生林木种质资源群体 1 份、野生个体 5 份、古树名木种质资源 5 份。

（13）雪松为松科的常绿乔木。原产于喜马拉雅山西部及喀喇昆仑山。在我国多地广泛分布。为阳性树种，幼树稍耐阴；耐寒、耐旱，不耐水湿；对土壤要求不高，但以深厚、肥沃、湿润及排水良好的中性或微酸性壤土为佳；生长较迅速，萌芽发枝力强，耐修剪；浅根性，主根不发达，抗风力较弱；对 SO_2、HF 及烟尘的抗性较弱。雪松材质坚实而致密，少翘裂，耐久用，可作建筑、桥梁、造船、家具及器具等用；树形美观，为普遍栽培的庭园树；枝叶可提精油；树皮可提制栲胶。此次调查，在南通市发现雪松栽培利用林木种质资源群体 1 份、栽培个体 7 份、古树名木种质资源 13 份。

（14）罗汉松为罗汉松科的常绿乔木。原产于安徽、福建、广东、广西、贵州、湖北、湖南、江西、四川、台湾、云南、浙江，在我国多地广泛分布，日本、缅甸也有分布。为中性树种，较耐阴；喜温暖湿润气候，耐寒性弱；适生于沙质土壤，耐干旱瘠薄，能耐湿润但忌积水；对病虫害、SO_2、Cl_2 抗性强；生长缓慢，寿命长。罗汉松树形美观，多作庭园观赏树或制作盆景；材质细致均匀，易加工，可作家具、器具、文具及农具。此次调查，在南通市发现罗汉松栽培利用林木种质资源群体 1 份、栽培利用个体 4 份、古树名木种质资源 19 份。此外，在该地还发现栽培利用的罗汉松地方品种 1 个——雀舌罗汉松。

（15）黄连木为漆树科的落叶乔木。该种分布于我国长江以南各省区及华北、西北等地区，菲律宾也有分布。秋季叶色橙黄或鲜红，我国多地有栽培。为阳性树种；对气候、土壤要求不高，能耐轻盐土；耐干旱瘠薄；深根性树种，萌芽力、抗风力强，寿命长；对烟尘、SO_2 抗性强。黄连木木材鲜黄色，可提黄色染料；材质坚硬致密，可供家具和细工用材；嫩叶和嫩芽可供蔬食，嫩叶也可代茶；种子可榨油；也可作为园林绿化树种或蜜源植物；种子含油量高，可作生物柴油树种。此次调查，在南通市发现黄连木野生林木种质资源群体 1 份、野生个体 3 份、野生优树 1 份、栽培利用种质资源个体 1 份、古树名木种质资源 6 份。

（16）柞木为大风子科的常绿小乔木或大灌木。产于我国秦岭以南和长江以南各省区，日本和朝鲜也有分布，我国多地有栽培。柞木为中性偏阳性树种；对气候、土壤适应性强；耐干旱瘠薄，抗风力强，对 SO_2 抗性强。柞木材质坚实，纹理细密，材色棕红，供家具农具等用；叶、刺供药用；种子含油；树形优美，供庭院美化和观赏等用；也为蜜源植物。此次调查，在南通市发现柞木野生林木种质资源群体 1 份、野生个体 1 份、栽培利用种质资源个体 1 份、古树名木种质资源 5 份。

（17）三角枫为槭树科的落叶乔木。分布于山东、河南、江苏、浙江、安徽、江西、湖北、湖南、贵州和广东等省，日本也有分布，我国各地广泛栽培。三角枫为弱阳性树种，幼树稍耐阴，大树喜光；喜温暖湿润气候和酸性、中性土壤；耐寒、耐旱、耐瘠薄，较耐水湿，在石灰土上也有分布；萌芽力强，耐修剪。三角枫木材优良，可制农具；庭院栽培可供观赏，也可作绿篱；种子可榨油；树皮、叶可提制栲胶。此次调查，在南通市发现三角枫野生林木种质资源群体 1 份、野生个体 3 份、古树名木种质资源 1 份。

（18）光皮梾木为山茱萸科的落叶乔木。在我国多地广泛分布。它在碱性、中性、弱酸性及轻度盐碱地都能正常生长，适应性强。它既能大规模成片栽植于丘陵、平原及山地，又能散种在田埂、河畔和房前屋后。为木本油料植物，叶可作饲料或绿肥；材质坚硬、纹理致密，为优良的材用树种；树形美观、寿命较长，为良好的绿化树种。此次调查，在南通海安市孙庄镇的思源居发现 1 株栽培利用的光皮梾木，胸径为 26. 8 cm。

（19）尾叶紫薇为千屈菜科的落叶乔木。中国特有树种，分布于广东、广西和江西。阳性树种，稍耐阴；喜温暖湿润气候，较耐寒和耐旱；生长缓慢，萌蘖性强，寿命长。树姿优美，花白色，可作园林绿化观赏树种；木材坚硬，纹理细致，适于作上等家具、室内装修、细工或雕刻等用材。该种与紫薇的主要区别在于：紫薇的花萼无棱或脉纹，花较大，紫色，花萼长 7～10 mm；蒴果长 1～1. 2 cm；小枝 4 棱，常有狭翅；叶椭圆形、阔矩圆形或倒卵形，长 2. 5～7 cm，宽 1. 5～4 cm，无柄或极短，叶顶端短尖或钝。而尾叶紫薇的花萼具 10～12 条脉纹，花较小，白色，花萼长不及 5 mm；蒴果长 6～8 mm；小枝圆柱形；叶柄长 2～5 mm，叶顶端尾尖。此次调查，在南通海门市东洲公园发现一株栽培利用的尾叶紫薇，胸径近 30. 0 cm，这是我省目前已知的唯一一株尾叶紫薇。该种未被《江苏植物》记载（植物研究所，1982；刘启新，

2015），为栽培植物新记录种（附录Ⅳ）。

三、耐盐树种

根据此次调查，我们发现刺槐、皂荚和中山杉在南通市的启东市和如东县生长良好，具有良好的生态适应性，且这 3 种乔木还具有一定程度的耐盐碱性，能在滩涂等地良好生长。现分别对它们介绍如下：

（1）刺槐为豆科的落叶乔木，又名洋槐。原产于北美洲，现被广泛引种到亚洲、欧洲等地，现全国广泛栽植。该种根系浅而发达，适应性强，为优良的固沙保土树种，而且在中性土、酸性土、含盐量在 0.3%以下的盐碱性土上都可以正常生长。该种材质硬重，抗腐耐磨；生长较快，萌芽力强，是速生薪炭林树种；也是优良的蜜源植物。此次调查，在南通市发现刺槐有野生个体 1 份、野生群体 1 份、栽培个体 2 份、栽培群体 1 份和古树单株 2 份。

（2）皂荚为苏木科的落叶乔木，又名皂角，产于中国多个省区。该种喜光，稍耐荫；木材坚硬；荚果可代肥皂用；果实可入药。皂荚在微酸性、石灰质、轻盐碱土甚至粘土或砂土均能正常生长。属于深根性植物，具较强耐旱性，寿命可达 700 年。此次调查，在南通市发现皂荚有栽培个体 6 份和古树单株 4 份。

（3）中山杉为是杉科落羽杉属的乔木，主要分布于我国江苏、浙江、云南和重庆等地。该种具有耐湿、耐腐蚀和耐盐碱的特性，是国家级的园林绿化良种木，在园林绿化、生态建设和滩涂造林等许多领域中都可以发挥其重要作用。因其树冠优美、绿色期长、耐水耐盐等生态特性，现已被广泛应用于滩涂湿地、生态园区、城市绿地等环境绿化，也呈现其应用于绿墙、夹景、背景树方面的绿化功能。此次调查中发现中山杉在南通市各地均有栽植，为栽培的无性系种质资源。

参考文献

Reference

[1] Choat B，Brodribb TJ，Brodersen CR，*et al*. Triggers of tree mortality under drought [J]. *Nature*，2018，558：531 - 539.

[2] Crane P. 银杏：被时间遗忘的树种 [M]. 胡永红，张庆费译. 北京：高等教育出版社，2016.

[3] Gong W，Chen C，Dobeš C，*et al*. Phylogeography of a living fossil：Pleistocene glaciations forced *Ginkgo biloba* L. (Ginkgoaceae) into two refuge areas in China with limited subsequent postglacial expansion [J]. *Molecular Phylogenetics and Evolution*，2008，48：1094 - 1105.

[4] Li DZ，Pritchard HW. The science and economics of ex situ plant conservation [J]. *Trends in Plant Science*，2009，14，614 - 621.

[5] Li W，Zhang GF. Population structure and spatial pattern of the endemic and endangered subtropical tree *Parrotia subaequalis* (Hamamelidaceae) [J]. *Flora*，2015，212：10 - 18.

[6] Liu JJ，Lindenmayer D，Yang WJ，*et al*. Diversity and density patterns of large old trees in China [J]. *The Science of the Total Environment*，2019，655：255 - 262.

[7] Lutz JA，Furniss TJ，Johnson DJ，*et al*. Global importance of

large-diameter trees [J]. *Global Ecology & Biogeography*，2018. DOI：10. 1111/geb. 12747.

[8] Primack Richard，马克平，蒋志刚. 保护生物学 [M]. 北京：科学出版社，2014.

[9] Tredici PD. The Phenology of sexual reproduction in *Ginkgo biloba*：Ecological and evolutionary implications [J]. *The Botanical Review*，2008，73：267－278.

[10] Vauhkonen J，Berger A，Gschwantner T，*et al*. Harmonised projections of future forest resources in Europe [J]. *Annals of Forest Science*，2019，76：79－90.

[11] Zhang GF，Li Q，Hou XR. Structural diversity of naturally regenerating Chinese yew（*Taxus wallichiana* var. *mairei*）populations in ex situ conservation [J]. *Nordic Journal of Botany*，2018，36（4）：1－10.

[12] Zhang GF，Long SW，Jiang L. Study on the Chinese endemic genera of seed plants distributed in Jiangsu Province [J]. *Bulletin of Botanica Research*，2006，26（6）：728－734.

[13] 安元强，郑勇奇，曾鹏宇，等. 我国林木种质资源调查现状与策略研究 [J]. 世界林业研究，2016a，29（2）：76－81.

[14] 安元强，郑勇奇，林富荣，等. 林木种质资源调查技术规程研制 [J]. 林业调查规划，2016b，41（3）：1－6.

[15] 曹福亮. 中国银杏志 [M]. 北京：中国林业出版社，2007.

[16] 曹玉星. 神秘的山麓："军山自然生态区"调查报告 [M]. 南京：东南大学出版社，2012.

[17] 陈剑英. 云南省林木种质资源保护及利用探讨 [J]. 种子，2004，23（12）:61－65.

[18] 房健. 南通古树名木 [M]. 北京：中国林业出版社，2008.

[19] 付兆军，邢世岩，刘晓静，等. 江苏省银杏古树资源调查 [J]. 林业

科技开发，2014，28（4）：63－67.
[20] 傅立国. 中国植物红皮书——稀有濒危植物（第一册）[M]. 北京：科学出版社，1991.
[21] 国际生物科学联盟栽培植物命名委员会. 国际栽培植物命名法规（第七版）[M]. 向其柏，臧德奎，孙卫邦译. 北京：中国林业出版社，2006.
[22] 国家环境保护局，中国科学院植物研究所. 中国珍稀濒危保护植物名录（第一册）[M]. 北京：科学出版社，1987.
[23] 国家林业局. 全国古树名木普查建档技术规定 [S]. 北京：国家林业局，2001.
[24] 江苏省绿化委员会. 江苏古树名木 [M]. 北京：中国林业出版社，2013.
[25] 江苏省植物研究所. 江苏植物志（上册）[M]. 南京：江苏人民出版社，1977.
[26] 江苏省植物研究所. 江苏植物志（下册）[M]. 南京：江苏科学技术出版社，1982.
[27] 江西省林木种苗和林场管理局. 江西林木种质资源 [M]. 北京：中国林业出版社，2011.
[28] 蒋来清. 苏州的乡土树 [M]. 上海：文汇出版社，2016.
[29] 康向阳. 关于林木无性系育种策略的思考 [J]. 北京林业大学学报，2019，41（7）：1－9.
[30] 李玲，张光富，王锐，等. 2011. 天目山自然保护区银杏天然种群生命表 [J]. 生态学杂志，30（1）：53－58.
[31] 李帮同，徐树文. 山西省林木种质资源普查综述 [J]. 种子，2002，21（2）:94－95.
[32] 李玲，张光富，王锐，等. 天目山自然保护区银杏天然种群生命表 [J]. 生态学杂志，2011，30（1）：53－58.
[33] 李伟，王瑞雪，张光富，等. 南方红豆杉迁地保护种群的点格局分

析［J］. 生态学杂志，2014，33（1）：16－22.
［34］刘启新. 江苏植物志（第2卷）［M］. 南京：江苏科学技术出版社，2013.
［35］刘启新. 江苏植物志（第3卷）［M］. 南京：江苏科学技术出版社，2015.
［36］南通市地方志编纂委员会. 南通市志（1983—2005）［M］. 北京：中华书局，2016.
［37］苏州市农业委员会. 苏州市林木种质资源树种图谱（上、下）［M］. 上海：文汇出版社，2016.
［38］孙刚. 南通市森林资源现状及发展对策［J］. 华东森林经理，2010，24（3）:41－43.
［39］覃海宁，杨永，董仕勇，等. 中国高等植物受威胁物种名录［J］. 生物多样性，2017，25（7）：696－744.
［40］汪松，解炎. 中国物种红色名录（第一卷）［M］. 北京：高等教育出版社，2004.
［41］王嘉楠，程立，刘慧，等. 城市森林显著树的认定及分布特征［J］. 浙江农林大学学报，2018，35（2）：340－346.
［42］王坚强，张光富. 溧阳木本植物［M］. 南京：南京师范大学出版社，2019.
［43］谢国阳. 福建省林木种质资源普查特点探析［J］. 福建林业科技，2020，47（1）：115－119.
［44］徐惠强. 江苏重点保护野生植物资源［M］. 南京：南京师范大学出版社，2017.
［45］杨永，王志恒，徐晓婷. 世界裸子植物的分类和地理分布［M］. 上海：上海科学技术出版社，2017.
［46］叶俊伟，张云飞，王晓娟，等. 长江流域林木资源的重要性及种质资源保护［J］. 生物多样性，2018，26（4）：406－413.
［47］余玉磊，崔义，陈家齐，等. 山东省典型地区村庄绿化供需关系研

究［J］. 生态与农村环境学报，2020，36（4）：480－487.
［48］张光富. 安徽板桥自然保护区植物多样性［M］. 南京：南京师范大学出版社，2007.
［49］赵媛. 江苏地理［M］. 北京：北京师范大学出版社，2011.
［50］钟育谦主编. 江苏珍稀植物图鉴［M］. 南京：南京师范大学出版社，2016.
［51］周道，王其银. 海安古树名木［M］. 北京：中国文史出版社，2017.
［52］朱伟，张光富，昝振宇. 江苏南通古银杏的种群结构与动态［J］. 生态学杂志，2019，38（12）：3609－3616.
［53］朱惜晨，黄婧. 无锡市古树名木种质资源调查［J］. 江苏林业科技，2018，45（3）：38－42.

附录Ⅰ

野外调查记录表

表1　野生林木种质资源信息登记表

<table>
<tr><th colspan="4">种质编码信息</th></tr>
<tr><td>1. 地区名称★</td><td></td><td>2. 地区代码★</td><td></td></tr>
<tr><td>3. 种质名称★</td><td></td><td>4. 种质编号★</td><td></td></tr>
<tr><td>5. 种名★</td><td></td><td>6. 种拉丁名★</td><td></td></tr>
<tr><td>7. 科名★</td><td></td><td>8. 属名★</td><td></td></tr>
<tr><th colspan="4">种质类型信息</th></tr>
<tr><td>9. 种质生活型★</td><td colspan="3">A. 乔木（常绿针叶、落叶针叶、常绿阔叶、落叶阔叶）；B. 灌木（常绿针叶、落叶针叶、常绿阔叶、落叶阔叶）；C. 竹类（散生、丛生）；D. 木质藤本（常绿、阔叶）；E. 其他</td></tr>
<tr><td>10. 种质类型★</td><td colspan="3">A. 种群；B. 个体；C. 优良林分；D. 优树</td></tr>
<tr><td>11. 种质数量★</td><td colspan="3">A. 常见；B. 群丛；C. 零星；D. 偶见；E. 个体</td></tr>
<tr><td>12. 物种珍稀性★</td><td colspan="3">A. 国家重点保护野生植物；B. 江苏珍稀濒危植物；C. 其他</td></tr>
<tr><th colspan="4">种质基本特性描述信息</th></tr>
<tr><td>13. 形态特征简述</td><td></td><td>14. 照片编号</td><td></td></tr>
<tr><td rowspan="2">15. 生态习性</td><td>A. 阳性；B. 中性；C. 阴性</td><td colspan="2">A. 喜湿；B. 中生；C. 耐旱</td></tr>
<tr><td>A. 喜温；B. 中等喜温；C. 耐低温</td><td colspan="2">A. 喜肥；B. 中等喜肥；C. 耐瘠薄</td></tr>
<tr><td rowspan="4">16. 具体用途</td><td>A. 用材：纤维、板材、原木、其他</td><td colspan="2">E. 香料：根、茎、皮、叶、花、果、种、特殊组织</td></tr>
<tr><td>B. 食用：果实、油料、蔬菜、蜜源、色素</td><td colspan="2">F. 药材：根、茎、皮、叶、花、果、种、特殊组织</td></tr>
<tr><td>C. 生态：水土保持、盐碱地、水湿地</td><td colspan="2">G. 生物原料：树脂、、昆虫寄主、农药、鞣胶、饲料</td></tr>
<tr><td>D. 观赏：树型、树皮、花、叶、果</td><td colspan="2">H. 其他</td></tr>
<tr><td>17. 繁殖更新方式</td><td colspan="3">A. 种子（动物传、风传、水传、自然下种）；B. 分蘖；C. 根鞭</td></tr>
</table>

续 表

生境信息						
18. 保存地点★	县、区		乡、林场		村（林班）	
19. 资源库类型	A. 已知资源库（编号： ）；B. 其他					
20. 生境条件★	地形地貌： ；经度： ；纬度： ；海拔： m 土壤类型： ；年均气温： ℃；年降雨： mm 群落类型：A. 混交林（建群种、优势种、伴生种、林下植物）；B. 纯林；C. 丛生；D. 孤立木					
收藏共享信息						
21. 所属单位			单位地址			
22. 共享方式	A. 无偿共享；B. 部分有偿共享；C. 有偿共享；D. 合作研究；E. 交换；F. 其他					
23. 联系方式						
24. 调查机构★			调查人员★			
25. 联系方式			调查时间			

表 1 填写说明

按照下列要求在实地对 25 条调查信息逐项填，部分内容也可内业整理时查阅资料补充。登记内容不可有遗漏。登记时使用 HB 铅笔登记，字迹必须工整清晰。

1. **地区名称**：种质资源所在地的市、县（市、区）名称。

2. **地区代码**：市、县（市、区）的国家标准代码。

3. **种质名称**：为每个种质资源的中文名称。

4. **种质编号**：每个种质资源的编码，将成为每份种质资源的唯一 ID 号。

5. **种名**：种质资源所属种（亚、变种）的规范中文名。

6. **种拉丁名**：种质资源所属种（亚、变种）的规范拉丁名，参照《中国植物志》，可以不填写定命人。

7. **科名**：种质资源所在科的规范中文名。

8. **属名**：种质资源所在属的规范中文名。

9. **种质生活型**：按登记表中相应选项上打“√”。

10. **种质类型**：按登记表中相应选项上打“√”。

11. **种质数量**：按登记表中相应选项上打“√”。

12. **物种珍稀性**：按登记表中相应选项上打“√”。珍贵濒危植物、重点保护野生植物、珍贵用材树种等参见国家公布的相关名录。

13. **形态特征简述**：该份种质资源的主要形态特性等。用3～5条典型特征说明本种与近缘种、易混种的区别特征。

14. **照片编号**：该份种质资源所附照片的编号。照片编号应该与种质资源编号相同。

15. **生态习性**：根据野外调查时观察的生境条件及掌握的树种特性，在登记表中相应选项上打“√”。对暂时无法确定的可不选择。

16. **具体用途**：根据野外调查时观察的植物生长及掌握的树种特性，按登记表中相应选项上打“√”。可以多选项。

17. **繁殖更新方式**：指种质资源的成熟繁殖方式，在登记表相应项上打“√”。对于繁殖特性不清楚的可暂不选择。

18. **保存地点**：指种质资源保存的具体位置。填写至县（市、区）、乡（镇、街道、林场）、村（社区、工区、林班）。

19. **资源库类型**：按登记表中相应选项上打“√”。是已知资源库的填写编号（1. 自然保护区；2. 国家森林公园和国有林场；3. 国家和省级林木良种基地；4. 国家和省级林木种质资源库；5. 种质资源收集保存主要科教单位），否则选其他。

20. **生境条件**：按登记表中相应选项上打“√”或按实际调查填写。地形地貌在低山、丘岗、平原和滩地中选择。土壤类型填写到土类，即棕红壤、黄褐土、紫色土、粗骨土、石灰土、基性岩土、潮土、滨海盐土、水稻土、棕壤、褐土、红粘土、砂姜黑土、黄棕壤、沼泽土。海拔在地形图上查算，或用海拔仪测定填记，单位：米。经度和纬度采用GPS实地定位，或室内在图上求算，填记种质资源所在地的经纬度，格式采用度、分、秒（°　′　″）。年均气温、降雨量应用当地最近气象台站的近30～50年的平均值。群落类型指该种质资源所处的群落的类型及生态位，包括混交林（建群种、优势种、伴生种、林下植物）、纯林、丛生、孤立木，在登记表相应项上打“√”填记。

21. **保存单位**：填写种质资源所在的单位法定全称，与单位行政公章一致。

22. **单位地址**：保存单位的通讯地址。

23. **共享方式**：分信息或实物共享，在无偿共享、部分有偿共享、有偿共享、合作研究、交换等各项中打“√”选择填记。

24. **调查机构**：实际负责种质资源调查的单位，调查人员填写该调查项目的负责人和主要调查人员。

25. **联系方式**：指调查机构的联系方式，包括联系人、电话、email 等。

表 2　收集保存种质资源信息登记表

<table>
<tr><th colspan="7">种质编码信息</th></tr>
<tr><td>1. 地区★</td><td colspan="2"></td><td colspan="2">2. 地区代码★</td><td colspan="2"></td></tr>
<tr><td>3. 种质名称★</td><td colspan="2"></td><td colspan="2">4. 种质编号★</td><td colspan="2"></td></tr>
<tr><td>5. 种名★</td><td colspan="2"></td><td colspan="2">6. 种拉丁名★</td><td colspan="2"></td></tr>
<tr><td>7. 科名★</td><td colspan="2"></td><td colspan="2">8. 属名★</td><td colspan="2"></td></tr>
<tr><th colspan="7">种质类型信息</th></tr>
<tr><td>9. 种质生活型★</td><td colspan="6">A. 乔木（常绿针叶、落叶针叶、常绿阔叶、落叶阔叶）；B. 灌木（常绿针叶、落叶针叶、常绿阔叶、落叶阔叶）；C. 竹类（散生、丛生）；D. 木质藤本（常绿、阔叶）；E. 其他</td></tr>
<tr><td>10. 资源类型★</td><td colspan="6">A. 种源；B. 优良林分；C. 优树；D. 全同胞家系；E. 半同胞家系；F. 无性系；G. 选育品种；H. 农家品种；I. 母树林；J. 其他</td></tr>
<tr><td>11. 主要用途★</td><td colspan="6">A. 用材；B. 纤维；C. 食用 ；D. 药用；E. 观赏；F. 生态；G. 工业原料；H. 其他</td></tr>
<tr><td>12. 主要特性★</td><td colspan="6">A. 高产；B. 优质 ；C. 抗病；D. 抗虫；E. 抗逆；F. 其他</td></tr>
<tr><td>13. 保存方式★</td><td colspan="6">A. 收集区；B. 试验林；C. 种子（果）园；D. 母树林；E. 设施保存；F. 其他</td></tr>
<tr><td>14. 保存材料★</td><td colspan="6">A. 林分；B. 植株；C. 种子；D. 块根（茎）；E. 花粉；F. 培养物；G. 其他</td></tr>
<tr><th colspan="7">种质基本特性描述信息</th></tr>
<tr><td>15. 选育单位</td><td colspan="3"></td><td>16. 选育年份</td><td colspan="2"></td></tr>
<tr><td>17. 种质系谱</td><td></td><td colspan="2">18. 种质自编号</td><td></td><td>19. 保存数量</td><td></td></tr>
<tr><td>20. 原产地</td><td>国家：</td><td>省</td><td colspan="2">县市</td><td colspan="2">乡（林场）</td></tr>
<tr><td>21. 来源地</td><td>国家：</td><td>省</td><td colspan="2">县市</td><td colspan="2">乡（林场）</td></tr>
<tr><td>22. 形态特征★</td><td colspan="4"></td><td>23. 照片编号</td><td></td></tr>
<tr><td>24. 生态特性</td><td colspan="6"></td></tr>
<tr><td>25. 生育周期</td><td colspan="6"></td></tr>
<tr><td>26. 利用状况</td><td colspan="6"></td></tr>
<tr><td>27. 保存库</td><td colspan="6">A. 已知保存库（编号：　　　　）；B. 其他</td></tr>
<tr><td>28. 繁殖方式</td><td></td><td colspan="2">29. 树龄</td><td></td><td>30. 实物状态</td><td></td></tr>
</table>

续 表

保存单位信息			
31. 保存单位★		32. 单位地址★	
33. 联系方式			
34. 保存时间		35. 保存位置★	
36. 海 拔★		37. 经/纬度★	
38. 地形地貌★		39. 土壤类型★	
40. 年均温度		41. 年降雨量	
42. 种质共享	A. 无偿共享；B. 部分有偿共享；C. 有偿共享；D. 合作研究；E. 交换；F. 其他		
43. 调查机构★		44. 调查人员★	
45. 调查时间			
46. 联系方式			

表 2 填写说明

按照下列要求在实地对 46 条调查信息逐项填，部分内容也可内业整理时查阅资料补充。登记内容不可有遗漏。登记时使用 HB 铅笔登记，字迹必须工整清晰。

1. **地区**：种质资源所在地的市、县（市、区）名称。

2. **地区代码**：市、县（市、区）的国家标准代码。

3. **种质名称**：为每个种质资源的中文名称。

4. **种质编号**：每个种质资源的编码，将成为每份种质资源的唯一 ID 号。

5. **种名**：种质资源所属种（亚、变种）的规范中文名。当种质资源是种间杂种时，填写亲本（母本）的种名或属名。

6. **种拉丁名**：种质资源所属种（亚、变种）的规范拉丁名，参照《中国植物志》，可以不填写定命人。

7. **科名**：种质资源所在科的规范中文名。

8. **属名**：种质资源所在属的规范中文名。

9. **种质生活型**：按登记表中相应选项上打“√”。

10. 资源类型：按登记表中相应选项上打“√”。

11. 主要用途：按登记表中相应选项上打“√”。

12. 主要特征：按登记表中相应选项上打“√”。

13. 保存方式：按登记表中相应选项上打“√”。

14. 保存材料：按登记表中相应选项上打“√”。

15. 选育单位：填写该种质资源的原选育单位，不清楚的可不填写。

16. 选育年份：填写该种质资源的原选育时间，品种鉴定年份。不清楚的可不填写。

17. 种质谱系：育成的林木品种的杂交组合名称或家系编号等。不清楚的可不填写。

18. 种质自编号：育种单位的种质资源编号。

19. 保存数量：保存植株的株数或面积，保存种子或其他种质材料的数量。

20. 原产地：该林木种质资源的原种产地。不清楚的可不填写。

21. 来源地：该林木种质资源保存前的来源地。

22. 形态特征简述：可识别该份种质资源的主要形态特性等。用3～5条典型特征说明本种质资源与近缘种、易混种的区别特征。

23. 照片编号：该份种质资源所附照片的编号。照片编号应该与种质资源编号相同。

24. 生态特性：该种质资源生长对水、肥、光、湿、热、寒、病虫害等生态因子的主要习性与反映。

25. 生育周期：开始开花结实年龄，结实大小年等生育特性。

26. 利用状况：简要说明主要用途及已应用情况。

27. 保存库：按登记表中相应选项上打“√”。是已知资源库的填写编号，否则选其他。

28. 繁殖方式：指该份种质资源的繁殖方式，按有性繁殖（种子）、无性繁殖（扦插、嫁接、分蘖、压条、组培）等填写。

29. 树龄：指该保存种质资源的实际树龄。

30. 实物状态：保存种质植株的生长势或种子、繁殖材料的活力，按好、中、差填写。

31. 保存单位：填写种质资源所在的单位法定全称，与单位行政公章一致。

32. 单位地址：保存单位的通讯地址。

33. 联系方式：保存单位的联系方式，包括联系人、电话、email 等。

34. 保存时间：收集保存的具体时间，要与树龄相一致。

35. 保存位置：该种质资源的存在的具体小地名、试验林的区组、小区号等。

36. 海拔：在地形图上查算，或用海拔仪测定填记，单位：米。

37. 经/纬度：采用 GPS 实地定位，或室内在图上求算，填记种质资源所在地的经纬度，格式采用度、分、秒（°　′　″）。

38. 地形地貌：山地、丘岗、平原、滩地、以及坡向、坡位等信息。

39. 土壤类型：填写到土类，即棕红壤、黄褐土、紫色土、粗骨土、石灰土、基性岩土、潮土、滨海盐土、水稻土、棕壤、褐土、红粘土、砂姜黑土、黄棕壤、沼泽土。

40. 年均气温：应用当地最近气象台站的近 30～50 年的平均值。

41. 年降雨量：应用当地最近气象台站的近 30～50 年的平均值。

42. 种质共享：分信息或实物共享，在无偿共享、部分有偿共享、有偿共享、合作研究、交换等各项中打“√”选择填记。

43. 调查机构：实际负责种质资源调查的单位。

44. 调查人员：填写该调查项目的负责人和主要调查人员。

45. 调查时间：调查记录具体时间。

46. 联系方式：指调查机构的联系方式，包括联系人、电话、email 等。

表 3 栽培利用种质资源信息登记表

<table>
<tr><th colspan="4">种质编码信息</th></tr>
<tr><td>1. 地区名称★</td><td></td><td>2. 地区代码★</td><td></td></tr>
<tr><td>3. 种质名称★</td><td></td><td>4. 种质编号★</td><td></td></tr>
<tr><td>5. 种名★</td><td></td><td>6. 种拉丁名★</td><td></td></tr>
<tr><td>7. 科名★</td><td></td><td>8. 属名★</td><td></td></tr>
<tr><th colspan="4">种质类型信息</th></tr>
<tr><td>9. 种质生活型★</td><td colspan="3">A. 乔木（常绿针叶、落叶针叶、常绿阔叶、落叶阔叶）；B. 灌木（常绿针叶、落叶针叶、常绿阔叶、落叶阔叶）；C. 竹类（散生、丛生）；D. 木质藤本（常绿、阔叶）；E. 其他</td></tr>
<tr><td>10. 种质类型★</td><td colspan="3">A. 群体；B. 个体；C. 种源；D. 选育品种；E. 农家品种；F. 家系；G. 无性系；H. 优树；I. 优良林分</td></tr>
<tr><td>11. 应用频度</td><td colspan="3">A. 极多；B. 常见；C. 偶见；D. 稀有</td></tr>
<tr><td>12. 主要用途</td><td colspan="3">A. 用材；B. 纤维；C. 食用；D. 药用；E. 观赏；F. 生态；G. 工业原料；H. 其他</td></tr>
<tr><td>13. 利用状态★</td><td colspan="3">A. 工程造林；B. 街道公园；C. 庭园绿化；D. 经济林果园；E. 苗圃；F. 四旁绿化</td></tr>
<tr><th colspan="4">种质基本特性描述信息</th></tr>
<tr><td>14. 形态特征</td><td></td><td>15. 照片编号</td><td></td></tr>
<tr><td rowspan="3">16. 生长状况</td><td colspan="3">生长势：A. 旺盛；B. 一般；C. 较差；D. 濒死；E. 死亡</td></tr>
<tr><td colspan="3">开花（结实）状况：A. 多；B. 正常；C. 很少；D. 无</td></tr>
<tr><td colspan="3">病虫害情况：A. 无；B. 轻；C. 重；主要病虫种类：</td></tr>
<tr><td rowspan="4">17. 经济性</td><td>速生性：A. 好；B. 中；C. 差</td><td rowspan="4">18. 抗逆性</td><td>耐旱性：A. 强；B. 中；C. 弱</td></tr>
<tr><td>材质材性：A. 好；B. 中；C. 差</td><td>耐湿性：A. 强；B. 中；C. 弱</td></tr>
<tr><td>丰产性：A. 好；B. 中；C. 差</td><td>耐寒性：A. 强；B. 中；C. 弱</td></tr>
<tr><td>特殊性状：</td><td>耐盐碱性：A. 强；B. 中；C. 弱</td></tr>
<tr><td>19. 繁殖方式</td><td colspan="2">A. 种子繁殖；B. 扦插；C. 嫁接；D. 组培；E. 其他</td><td>20. 树龄</td></tr>
</table>

续 表

<table>
<tr><th colspan="4">生境信息</th></tr>
<tr><td rowspan="2">21. 调查地点★</td><td colspan="3">县（市、区） 乡（镇、街道） 村（社区）</td></tr>
<tr><td>小地名：</td><td>GPS 定位</td><td>E： N：</td></tr>
<tr><td rowspan="3">22. 生境条件★</td><td colspan="3">海拔： m；坡向： ；坡度： 度；坡位：</td></tr>
<tr><td colspan="3">土壤类型： ；土壤厚度： cm</td></tr>
<tr><td colspan="3">肥力状况：A. 肥沃；B. 中等；C. 贫瘠</td></tr>
<tr><th colspan="4">收藏共享信息</th></tr>
<tr><td>23. 选育单位</td><td colspan="3"></td></tr>
<tr><td>24. 保存利用单位</td><td colspan="3"></td></tr>
<tr><td>25. 调查机构★</td><td></td><td>调查人员★</td><td></td></tr>
<tr><td>26. 调查时间</td><td></td><td>联系方式</td><td></td></tr>
</table>

表 3 填写说明

按照下列要求在实地对 26 条调查信息逐项填，部分内容也可内业整理时查阅资料补充。登记内容不可有遗漏。登记时使用 HB 铅笔登记，字迹必须工整清晰。

1. **地区名称：**种质资源所在地的市、县（市、区）名称。

2. **地区代码：**市、县（市、区）的国家标准代码。

3. **种质名称：**为每个种质资源的中文名称。

4. **种质编号：**每个种质资源的编码，将成为每份种质资源的唯一 ID 号。

5. **种名：**种质资源所属种（亚、变种）的规范中文名。当种质资源是种间杂种时，填写亲本（母本）的种名或属名。

6. **种拉丁名：**种质资源所属种（亚、变种）的规范拉丁名，参照《中国植物志》，可以不填写定命人。

7. **科名：**种质资源所在科的规范中文名。

8. **属名：**种质资源所在属的规范中文名。

9. **种质生活型：**按登记表中相应选项上打“√”。

10. **种质类型：**按登记表中相应选项上打“√”，可以多选项。

11. **应用频度：**该种质资源在当地栽培应用的多少，一般指植株在调查中出现的次数。按登记表中相应选项上打“√”。极多：大量存在的种类。常见：调查区内经常出现；偶见：在调查区内偶有出现；稀有：数量极少，在调查区内仅有一株或数株的树种。

12. 主要用途：根据当地栽培利用最主要的用途，在登记表中相应选项上打“√”。

13. 利用状态：根据当地栽培利用最主要的方式，在登记表中相应选项上打“√”。

14. 形质特征：可识别该份种质资源的主要形态特性等。用 3～5 条典型特征说明本种质资源与近缘种、易混种的区别特征。

15. 照片编号：该份种质资源所附照片的编号。照片编号应该与种质资源编号相同。

16. 生长状况：在登记表中相应选项上打“√”。

17. 经济性：根据材用、果用、药用、观赏等用途，在登记表中相应选项上打“√”。特殊性状填写该种质资源具有的特殊经济性状。

18. 抗逆性：在登记表中相应选项上打“√”。

19. 繁殖方式：在登记表中相应选项上打“√”。

20. 树龄：填写调查的该栽培利用种质资源的年龄。

21. 调查地点：按实际地点填，是成片林或带状林的，GPS 定位填写中心点的位置。

22. 生境条件：按实际调查填写。

23. 选育单位：填写调查种质资源的原选育单位，不清楚的可不填写。

24. 保存利用单位：填写调查种质资源的栽培利用育单位。

25. 调查机构：实际负责种质资源调查的单位。

26. 调查人员：填写该调查项目的负责人和主要调查人员。

27. 调查时间：调查记录具体时间。

28. 联系方式：指调查机构的联系方式，包括联系人、电话、email 等。

表 4　古树名木种质资源信息登记表

<table>
<tr><th colspan="4">种质编码信息</th></tr>
<tr><td>1. 地区★</td><td></td><td>2. 地区编码★</td><td></td></tr>
<tr><td>3. 种质名称★</td><td></td><td>4. 种质编号★</td><td></td></tr>
<tr><td>5. 种名★</td><td></td><td>6. 种拉丁名★</td><td></td></tr>
<tr><td>7. 科名★</td><td></td><td>8. 属名★</td><td></td></tr>
<tr><th colspan="4">种质基本特征信息</th></tr>
<tr><td>9. 资源类型★</td><td colspan="3">A. 古树（一级、二级、三级）；B. 名木</td></tr>
<tr><td rowspan="2">10. 保存位置★</td><td colspan="3">县（市、区）　乡（镇、街道、林场）　村（社区）</td></tr>
<tr><td colspan="3">小地名：　；GPS 定位：E：　N：</td></tr>
<tr><td rowspan="3">11. 立地条件★</td><td colspan="3">海拔：　m；坡向：　；坡度：　度；坡位：</td></tr>
<tr><td colspan="3">土壤类型：　；土壤厚度：　cm</td></tr>
<tr><td colspan="3">肥力状况：A. 肥沃；B. 中等；C. 贫瘠</td></tr>
<tr><td rowspan="2">12. 生长情况★</td><td colspan="3">树高：　m；胸（地）径：　cm；冠幅：　m；胸径以下分叉数：　个</td></tr>
<tr><td colspan="3">生长势：A. 旺盛；B. 一般；C. 较差；D. 濒死；E. 死亡</td></tr>
<tr><td>13. 年龄★</td><td colspan="3">年</td></tr>
<tr><td>14. 出现频率★</td><td colspan="3">A. 多；B. 中；C. 少</td></tr>
<tr><td>15. 古树名木重要特征描述★</td><td colspan="3"></td></tr>
<tr><td>16. 古树历史传说或名木来历</td><td colspan="3"></td></tr>
<tr><th colspan="4">种质保护信息</th></tr>
<tr><td>17. 保护措施★</td><td>A. 挂牌；B. 未挂牌</td><td>是否落实专人管护：A. 是；B. 否</td><td>原挂牌编号：（没有填无）</td></tr>
<tr><td>18. 管护单位或个人★</td><td></td><td>19. 产权单位★</td><td></td></tr>
<tr><td>20. 存在问题★</td><td colspan="3">（没有填无）</td></tr>
<tr><td>21. 养护建议★</td><td colspan="3"></td></tr>
<tr><td>22. 照片</td><td>编号：</td><td>拍摄者：</td><td>拍摄日期：</td></tr>
<tr><td>23. 调查者★</td><td>单位：</td><td>调查人：</td><td>调查日期：</td></tr>
</table>

表 4 填写说明

按照下列要求在实地对 23 条调查信息逐项填，部分内容也可内业整理时查阅资料补充。登记内容不可有遗漏。登记时使用 HB 铅笔登记，字迹必须工整清晰。

1. 地区：种质资源所在地的市、县（市、区）名称。

2. 地区编码：市、县（市、区）的国家标准代码。

3. 种质名称：为每个种质资源的中文名称。

4. 种质编号：每个种质资源的编码，将成为每份种质资源的唯一 ID 号。已死亡古树可以调查，但不进行种质资源编号。

5. 种名：种质资源所属种（亚、变种）的规范中文名。当种质资源是种间杂种时，填写亲本（母本）的种名或属名。

6. 种拉丁名：种质资源所属种（亚、变种）的规范拉丁名，参照《中国植物志》，可以不填写定命人。

7. 科名：种质资源所在科的规范中文名。

8. 属名：种质资源所在属的规范中文名。

9. 资源类型：分为古树、名木两种类型。古树分为三级，一级（＞500 年），二级（300～500 年），三级（100～300 年）。在相应栏内打“√”表示。

10. 保存位置：小地名：填写调查的具体地点或单位内。经纬度为外业阶段记录 GPS 仪的读数。

11. 立地条件：海拔：古树、名木、优良单株所在地的海拔高度，单位为 m；坡向：分为东、西、南、北、东南、东北、西南、西北、无；坡位：分为山脊、上坡、中坡、下坡、山谷、平地；坡度：可采用测高仪实测，单位为“度”。

12. 生长情况：树高：用测高仪实测，精确至 1 m；胸（地）径：乔木量胸径，灌木、藤本量地径，单位为 cm，精确到整数；冠幅：按东西、南北两个垂直方向测量树冠垂直投影的宽度，然后取平均值，单位为 m，精确到整数。生长势：根据树木的生长情况确定其生长势等级，分旺盛、一般、较差、濒死、死亡等五级，打“√”表示。

13. 树龄：“真实年龄”或“估测年龄”。

14. 出现频度：根据当地资源量选填多（10 株以上）、中（4～10 株）、少（1～3 株）。

15. 古树名木重要特征描述：包括特异性状，特殊性状描述，如树体连生、基部分杈、雷击断梢、干腐、根腐等，如有严重病虫害，简要描述种类及发病状况。

16. 古树历史传说或名木来历：简明记载群众中或历史上流传的对该树的各种神奇故事，以及与其有关的名人轶事和特异性状的传说等。字数多的可以记在该树卡片的背后，字数在 300 字以内。

17. 保护措施：在相应栏内打“√”表示。原挂牌编号：有的填写原始编号，没有的填“无”。

18. 管护单位或个人：根据调查情况，如实填写具体负责管护古树名木的单位或个人。无单位或个人管护的，要说明。

19. 产权单位：该古树名木所有权的单位或个人。

20. 存在问题：提出针对该树保护中存在的主要问题，包括周围环境不利因素。

21. 养护建议：简要提出今后保护对策建议。

22. 照片：填写该份资源对应的照片编号，拍摄人和拍摄时间。外业调查填写相机存贮的临时编号，内业及时整理。

23. 调查者：实际负责种质资源调查的单位、主要调查人员和联系方式、调查记录具体时间。

表 5　来源不明树种登记表

县（市、区）		
序号	树种名称	调查地点（填写至小地名，如南通崇川区军山）
1		
2		
3		
4		
5		
6		
7		
8		
9		
10		
11		
12		
13		
14		
15		
16		
17		
18		
19		
20		
21		
22		
23		
24		
25		
26		
27		
28		
29		
30		

附录 Ⅱ

南通市林木种质资源名录

种(品种)	种(品种)学名	野生林木			栽培利用						古树名木	来源不明	总计
		个体	优树	群体	个体	选育品种	无性系	地方品种	优树	群体	单株		
苏铁(铁树)	*Cycas revoluta* Thunb.				3						3		6
银杏	*Ginkgo biloba* Linn.				32				1	1	328		362
佛指银杏	*Ginkgo biloba* 'Fozhi'						1						1
雪松	*Cedrus deodara*（Roxb.）G. Don				7					1	13		21
白皮松	*Pinus bungeana* Zucc. ex Endl.										1		1
赤松	*Pinus densiflora* Sieb. et Zucc.										1		1
湿地松	*Pinus elliottii* Engelm.											1	1
欧洲黑松	*Pinus nigra* Arn.											1	1
日本五针松	*Pinus parviflora* Sieb. et Zucc.										8		8
黑松	*Pinus thunbergii* Parl.				3					1	1		5

续　表

种(品种)	种(品种)学名	野生林木			栽培利用						古树名木	来源不明	总计
		个体	优树	群体	个体	选育品种	无性系	地方品种	优树	群体	单株		
柳杉	*Cryptomeria fortunei* Hooibrenk ex Otto et Dietr.									1	1		2
日本柳杉	*Cryptomeria japonica*（Linn. f.）D. Don				2						2		4
杉木	*Cunninghamia lanceolata*（Lamb.）Hook.				2								2
江南油杉	*Keteleeria fortunei* var. *cyclolepis*（Flous）Silba											1	1
水杉	*Metasequoia glyptostroboides* Hu et Cheng				2				1	1			4
东方杉	× *Taxodiomera peizhongii*											1	1
落羽杉	*Taxodium distichum*（Linn.）Rich.											1	1
池杉	*Taxodium distichum* var. *imbricatum*（Nutt.）Croom									1	2		3
中山杉	*Taxodium glyptostroboides* ‘Zhongshanshan’						1						1
日本花柏	*Chamaecyparis pisifera*（Sieb. et Zucc.）Endl.											1	1
柏木	*Cupressus funebris* Endl.				3								3
蓝冰柏	*Cupressus arizonica* var. *glabra* ‘Blue Ice’						1						1
刺柏	*Juniperus formosana* Hayata									1	3		4
杜松	*Juniperus rigida* Sieb. et Zucc.											1	1

续 表

种(品种)	种(品种)学名	野生林木			栽培利用						古树名木	来源不明	总计
		个体	优树	群体	个体	选育品种	无性系	地方品种	优树	群体	单株		
侧柏	*Platycladus orientalis*（Linn.）Franco				2				1	1	1		5
圆柏	*Juniperus chinensis*（Linn.）Ant.				5				2	1	19		27
龙柏	*Juniperus chinensis* ‘Kaizuca’						1				9		10
罗汉松	*Podocarpus macrophyllus* D. Don				4					1	19		24
短叶罗汉松	*Podocarpus macrophyllus* var. *maki* Endl.											1	1
雀舌罗汉松	*Podocarpus macrophyllus* ‘Queshe’							1					1
南方红豆杉	*Taxus chinensis* var. *mairei*（Lemée et H. Lév.）L. K. Fu et Nan Li											1	1
香榧	*Torreya grandis* ‘Merrillii’						1						1
鹅掌楸（马褂木）	*Liriodendron chinense*（Hemsl.）Sargent.											1	1
天目玉兰	*Magnolia amoena*（W. C. Cheng）D. L. Fu											1	1
玉兰	*Magnolia denudata*（Desr.）D. L. Fu									1			1
飞黄玉兰	*Magnolia denudata* ‘Fei Wang’						1						1
荷花玉兰（广玉兰）	*Magnolia grandiflora* Linn.				3				2		13		18
紫玉兰	*Magnolia liliiflora*（Desr.）D. L. Fu											1	1

续 表

种(品种)	种(品种)学名	野生林木			栽培利用						古树名木	来源不明	总计
		个体	优树	群体	个体	选育品种	无性系	地方品种	优树	群体	单株		
二乔玉兰	*Magnolia* × *soulangeana*（Soul. -Bod.）D. L. Fu				1								1
长春二乔玉兰	*Magnolia* × *soulangeana* ‘Spemperiflora’						1						1
台湾含笑	*Michelia compressa*（Maxim.）Sarg.											1	1
含笑	*Michelia figo*（Lour.）Spreng											1	1
深山含笑	*Michelia maudiae* Dunn											1	1
蜡梅	*Chimonanthus praecox*（Linn.）Link				1					1	2		4
香樟	*Cinnamomum camphora*（Linn.）Presl.				8				1	1	12		22
肉桂	*Cinnamomum cassia* Nees ex Blume											1	1
天竺桂	*Cinnamomum japonicum* Sieb.				1								1
月桂	*Laurus nobilis* Linn.				1						2		3
狭叶山胡椒	*Lindera angustifolia* Cheng			1									1
山胡椒	*Lindera glauca*（Sieb. et Zucc.）Bl.			1									1
紫楠	*Phoebe sheareri*（Hemsl.）Gamble											1	1
威灵仙	*Clematis chinensis* Osbeck											1	1

续 表

种(品种)	种(品种)学名	野生林木			栽培利用						古树名木	来源不明	总计
		个体	优树	群体	个体	选育品种	无性系	地方品种	优树	群体	单株		
紫叶小檗	*Berberis thunbergii* var. *atropurpurea* Chenault											1	1
阔叶十大功劳	*Mahonia bealei*（Fort.）Carr.											1	1
十大功劳	*Mahonia fortunei*（Lindl.）Fedde											1	1
南天竹	*Nandina domestica* Thunb.											1	1
木防己	*Cocculus orbiculatus*（Linn.）Diels			1									1
二球悬铃木	*Platanus* × *acerifolia*（Aiton）Willd.											1	1
蚊母树	*Distylium racemosum* Sieb. et Zucc.											1	1
枫香	*Liquidambar formosana* Hance											1	1
北美枫香	*Liquidambar styraciflua* Linn.											1	1
红花檵木	*Loropetalum chinense* var. *rubrum* Yieh										1		1
杜仲	*Eucommia ulmoides* Oliv.				7				1				8
紫弹树	*Celtis biondii* Pamp.				3						1		4
小叶朴	*Celtis bungeana* Bl.											1	1
珊瑚朴	*Celtis julianae* Schneid.											1	1

续 表

种(品种)	种(品种)学名	野生林木			栽培利用						古树名木	来源不明	总计
		个体	优树	群体	个体	选育品种	无性系	地方品种	优树	群体	单株		
朴树	*Celtis sinensis* Pers.	11		3	10						41		65
青檀	*Pteroceltis tatarinowii* Maxim.											1	1
榔榆	*Ulmus parvifolia* Jacq.	5		3	15						7		30
榆树	*Ulmus pumila* Linn.			1	4				2		3		10
垂枝榆	*Ulmus pumila* var. *pendula* Hort. ex Rehd.											1	1
大叶榉树	*Zelkova schneideriana* Hand. -Mazz.	5		2	21				1	1	45		75
构树	*Broussonetia papyrifera*（Linn.）L'Her. ex Vent.	1		2	1						1		5
无花果	*Ficus carica* Linn.											1	1
榕树	*Ficus microcarpa* Linn. f.				1								1
薜荔	*Ficus pumila* Linn.	1		1									2
柘树	*Maclura tricuspidata* Carrière	10		3							7		20
桑	*Morus alba* Linn.	4		4	3						3		14
鲁桑(湖桑)	*Morus alba* var. *multicaulis*（Perrott.）Loud.											1	1
苎麻	*Boehmeria nivea*（Linn.）Hook. f. et Arn.			1									1

续 表

种(品种)	种(品种)学名	野生林木			栽培利用						古树名木	来源不明	总计
		个体	优树	群体	个体	选育品种	无性系	地方品种	优树	群体	单株		
悬铃叶苎麻	*Boehmeria tricuspis*（Hance）Makino											1	1
山核桃	*Carya cathayensis* Sarg.				1								1
美国山核桃	*Carya illinoinensis*（Wangenh.）K. Koch											1	1
黑核桃	*Juglans nigra* Linn.											1	1
枫杨	*Pterocarya stenoptera* C. DC.	2		2							5		9
杨梅	*Myrica rubra*（Lour.）Sieb. et Zucc.											1	1
板栗	*Castanea mollissima* Bl.				1					1			2
苦槠	*Castanopsis sclerophylla*（Lindl.）Schott.			1									1
麻栎	*Quercus acutissima* Carr.	3		1									4
短柄枹	*Quercus serrata* Thunb.											1	1
德州栎（纳塔栎）	*Quercus nuttallii* Buckley											1	1
栓皮栎	*Quercus variabilis* Bl.			1									1
江南桤木	*Alnus trabeculosa* Hand. -Mazz.											1	1
牡丹	*Paeonia suffruticosa* Andr.											1	1

续 表

种(品种)	种(品种)学名	野生林木			栽培利用						古树名木	来源不明	总计
		个体	优树	群体	个体	选育品种	无性系	地方品种	优树	群体	单株		
山茶	*Camellia japonica* Linn.									1			1
茶梅	*Camellia sasanqua* Thunb.									1			1
茶	*Camellia sinensis*（Linn.）O. Kuntze									1			1
厚皮香	*Ternstroemia gymnanthera*（Wight et Arn.）Sprague											1	1
中华猕猴桃	*Actinidia chinensis* Planch.											1	1
金丝桃	*Hypericum monogynum* Linn.											1	1
杜英	*Elaeocarpus decipiens* Hemsl.											1	1
扁担杆	*Grewia biloba* G. Don			1									1
华东椴	*Tilia japonica* Simonk.											1	1
梧桐	*Firmiana simplex*（Linn.）F. W. Wight	1		1	3								5
苘麻	*Abutilon theophrasti* Medicus											1	1
海滨木槿	*Hibiscus hamabo* Sieb. et Zucc.											1	1
木芙蓉	*Hibiscus mutabilis* Linn.											1	1
木槿	*Hibiscus syriacus* Linn.											1	1

续 表

种(品种)	种(品种)学名	野生林木			栽培利用						古树名木	来源不明	总计
		个体	优树	群体	个体	选育品种	无性系	地方品种	优树	群体	单株		
红心木槿	*Hibiscus syriacus* ‘Red Heart’						1						1
柞木	*Xylosma congesta*（Lour.）Merr.	1		1	1						5		8
柽柳	*Tamarix chinensis* Lour.				2								2
多枝柽柳	*Tamarix ramosissima* Ledeb.											1	1
响叶杨	*Populus adenopoda* Maxim.				1								1
加杨	*Populus* × *canadensis* Moench				2								2
垂柳	*Salix babylonica* Linn.										1		1
爆竹柳	*Salix fragilis* Linn.											1	1
旱柳	*Salix matsudana* Koidz.	7	1	3	1						3		15
海桐	*Pittosporum tobira*（Thunb.）Ait.									1			1
溲疏	*Deutzia scabra* Thunb.											1	1
绣球	*Hydrangea macrophylla*（Thunb.）Ser.											1	1
金边绣球	*Hydrangea macrophylla* ‘Aureo-marginatus’						1						1
桃	*Amygdalus persica* Linn.											1	1

续 表

种(品种)	种(品种)学名	野生林木			栽培利用						古树名木	来源不明	总计
		个体	优树	群体	个体	选育品种	无性系	地方品种	优树	群体	单株		
紫叶桃	*Amygdalus persica* ‘Atropurpurea’						1						1
蟠桃	*Amygdalus persica* ‘Compressa’					1							1
碧桃	*Amygdalus persica* ‘Duplex’						1						1
锦绣黄桃	*Amygdalus persica* ‘Jin Xiu’					1							1
紫桃	*Amygdalus persica* ‘Purple’					1							1
水蜜桃	*Amygdalus persica* ‘Yu Lu’					1							1
梅	*Armeniaca mume* Sieb.											1	1
杏	*Armeniaca vulgaris* Lam.											1	1
欧洲甜樱桃	*Cerasus avium*（Linn.）Moench											1	1
樱桃	*Cerasus pseudocerasus*（Lindl.）G. Don											1	1
樱花	*Cerasus serrulata*（Lindl.）G. Don									1			1
日本晚樱	*Cerasus serrulata* Lindl. var. *lannesiana*（Carr.）Makino											1	1
东京樱花	*Cerasus yedoensis*（Matsum.）T. T. Yu et C. L. Li											1	1
木瓜	*Chaenomeles sinensis*（Thouin）Koehne										1		1

续 表

种(品种)	种(品种)学名	野生林木			栽培利用						古树名木	来源不明	总计
		个体	优树	群体	个体	选育品种	无性系	地方品种	优树	群体	单株		
贴梗海棠（皱皮木瓜）	*Chaenomeles speciosa*（Sweet）Nakai											1	1
枇杷	*Eriobotrya japonica*（Thunb.）Lindl.				4						1		5
白玉枇杷	*Eriobotrya japonica* ‘Baiyu’					1							1
大红袍枇杷	*Eriobotrya japonica* ‘Dahongpao’					1							1
棣棠花	*Kerria japonica*（Linn.）DC.											1	1
重瓣棣棠花	*Kerria japonica* f. *pleniflora*（Witte）Rehd.											1	1
山荆子	Malus baccata（Linn.）Borkh.											1	1
垂丝海棠	*Malus halliana* Koehne									1			1
北美海棠	*Malus micromalus* ‘American’						1						1
三裂叶海棠	*Malus sieboldii*（Regel）Rehd.											1	1
海棠花	*Malus spectabilis*（Ait.）Borkh.											1	1
贵州石楠（椤木石楠）	*Photinia bodinieri* Lévl.										2		2
红叶石楠	*Photinia* × *fraseri* Dress											1	1
红宾罗红叶石楠	*Photinia* × *fraseri* ‘Red Robin’						1						1

续 表

种(品种)	种(品种)学名	野生林木			栽培利用						古树名木	来源不明	总计
		个体	优树	群体	个体	选育品种	无性系	地方品种	优树	群体	单株		
石楠	*Photinia serrulata* Lindl.				2					1	2		5
紫叶李	*Prunus cerasifera* f. *atropurpurea* (Jacq.) Rehd.											1	1
红梅	*Prunus mume* f. *alphandii*（CarriŠre）Rehder											1	1
李	*Prunus salicina* Lindl.											1	1
火棘	*Pyracantha fortuneana*（Maxim.）Li											1	1
梨	*Pyrus* × *michauxii* Bosc ex Poir.											1	1
爱甘梨	*Pyrus* × *michauxii* ‘Ai Gan’					1							1
丰水梨	*Pyrus* × *michauxii* ‘Feng Shui’					1							1
黄花梨	*Pyrus* × *michauxii* ‘Huang Hua’					1							1
黄金梨	*Pyrus* × *michauxii* ‘Huang Jin’					1							1
新高梨	*Pyrus* × *michauxii* ‘Xin Gao’					1							1
木香	*Rosa banksiae* Aiton										1		1
月季	*Rosa chinensis* Jacq.											1	1
金樱子	*Rosa laevigata* Michx.											1	1

续 表

种(品种)	种(品种)学名	野生林木			栽培利用						古树名木	来源不明	总计
		个体	优树	群体	个体	选育品种	无性系	地方品种	优树	群体	单株		
野蔷薇	*Rosa multiflora* Thunb.			2									2
香水月季	*Rosa odorata*（Andr.）Sweet											1	1
玫瑰	*Rosa rugosa* Thunb.											1	1
山莓	*Rubus corchorifolius* Linn. f.			1									1
茅莓	*Rubus parvifolius* Linn.			1									1
粉花绣线菊（日本绣线菊）	*Spiraea japonica* Linn. f.											1	1
合欢	*Albizia julibrissin* Durazz.									1			1
山合欢	*Albizia kalkora*（Roxb.）Prain			1									1
云实	*Caesalpinia decapetala*（Roth）Alston											1	1
紫荆	*Cercis chinensis* Bunge									1			1
湖北紫荆	*Cercis glabra* Pampan.											1	1
皂荚	*Gleditsia sinensis* Lam.				6						4		10
槐叶决明	*Senna sophera*（Linn.）Roxb.											1	1
紫穗槐	*Amorpha fruticosa* Linn.											1	1

续 表

种(品种)	种(品种)学名	野生林木			栽培利用						古树名木	来源不明	总计
		个体	优树	群体	个体	选育品种	无性系	地方品种	优树	群体	单株		
锦鸡儿	*Caragana sinica*（Buc'hoz）Rehd.											1	1
黄檀	*Dalbergia hupeana* Hance	1		1	4						5		11
山蚂蝗	*Desmodium racemosum*（Thunb.）DC.			1									1
截叶铁扫帚	*Lespedeza cuneata*（Dum. -Cours.）G. Don			1									1
细梗胡枝子	*Lespedeza virgata*（Thunb.）DC.			1									1
葛藤	*Pueraria montana*（Lour.）Merr.			1									1
刺槐(洋槐)	*Robinia pseudoacacia* Linn.	1		1	2					1	2		7
田菁	*Sesbania cannabina*（Retz.）Poir.											1	1
国槐	*Sophora japonica* Linn.				3					1	5		9
金枝国槐	*Sophora japonica* 'Golden Stem'						1						1
龙爪槐	*Sophora japonica* 'Pendula'				2		1						3
紫藤	*Wisteria sinensis*（Sims）Sweet										3		3
佘山羊奶子	*Elaeagnus argyi* Lévl.											1	1
木半夏	*Elaeagnus multiflora* Thunb.											1	1

续 表

种（品种）	种（品种）学名	野生林木			栽培利用						古树名木	来源不明	总计
		个体	优树	群体	个体	选育品种	无性系	地方品种	优树	群体	单株		
胡颓子	*Elaeagnus pungens* Thunb.											1	1
花叶胡颓子	*Elaeagnus pungens* ‘Variegata’						1						1
细叶萼距花	*Cuphea hyssopifolia* Kunth											1	1
尾叶紫薇	*Lagerstroemia caudata* Chun et How ex S. Lee et L. Lau											1	1
紫薇	*Lagerstroemia indica* Linn.				7					1	6		14
银薇	*Lagerstroemia indica* ‘Alba’						1						1
翠薇	*Lagerstroemia indica* ‘Amabilis’						1						1
赤薇	*Lagerstroemia indica* ‘Rubra’						1						1
南紫薇	*Lagerstroemia subcostata* Koehne											1	1
结香	*Edgeworthia chrysantha* Lindl.									1			1
红千层	*Callistemon rigidus* R. Br.											1	1
香桃木	*Myrtus communis* Linn.											1	1
石榴	*Punica granatum* Linn.				1						1		2
喜树	*Camptotheca acuminata* Decne.											1	1

续 表

种(品种)	种(品种)学名	野生林木			栽培利用						古树名木	来源不明	总计
		个体	优树	群体	个体	选育品种	无性系	地方品种	优树	群体	单株		
洒金桃叶珊瑚（花叶青木）	*Aucuba japonica* var. *variegata* D'ombr.											1	1
红瑞木	*Cornus alba* Linn.											1	1
灯台树	*Cornus controversa* Hemsl.											1	1
梾木	*Cornus macrophylla* Wall.											1	1
毛梾	*Cornus walteri* Wangerin											1	1
光皮梾木	*Cornus wilsoniana* Wangerin				1								1
卫矛	*Euonymus alatus*（Thunb.）Siebold			1									1
扶芳藤	*Euonymus fortunei*（Turcz.）Hand. -Mazz.			1							1		2
冬青卫矛	*Euonymus japonicus* Thunb.				3						1		4
金边冬青卫矛	*Euonymus japonicus* ‘Aureo-marginatus’						1						1
白杜(丝棉木)	*Euonymus maackii* Rupr.	12		5	1						4		22
金边圣诞冬青	*Ilex aquifolium* ‘Aureomarginata’						1						1
冬青	*Ilex chinensis* Sims			1									1
枸骨冬青	*Ilex cornuta* Lindl. ex Paxt.										1		1

续 表

种(品种)	种(品种)学名	野生林木			栽培利用						古树名木	来源不明	总计
		个体	优树	群体	个体	选育品种	无性系	地方品种	优树	群体	单株		
花叶枸骨冬青	*Ilex cornuta* ‘Aureomarginata’						1						1
无刺枸骨	*Ilex cornuta* ‘Fortunei’						1				2		3
龟甲冬青	*Ilex crenata* var. *convexa* Makino.											1	1
大叶冬青（苦丁茶）	*Ilex latifolia* Thunb.											1	1
铁冬青	*Ilex rotunda* Thunb.											1	1
雀舌黄杨	*Buxus bodinieri* Lévl.											1	1
匙叶黄杨	*Buxus harlandii* Hanelt				1								1
大叶黄杨	*Buxus megistophylla* Lévl.									1			1
黄杨（瓜子黄杨）	*Buxus sinica*（Rehd. et Wils.）M. Cheng				4					1	20		25
山麻杆	*Alchornea davidii* Franch.			1									1
重阳木	*Bischofia polycarpa*（Lévl.）Airy Shaw	3		3	2				1		6		15
一叶荻	*Flueggea suffruticosa*（Pall.）Baill.			1									1
算盘子	*Glochidion puberum*（Linn.）Hutch.											1	1
野梧桐	*Mallotus japonicus*（Thunb.）Muell. Arg.											1	1

续　表

种（品种）	种（品种）学名	野生林木			栽培利用						古树名木	来源不明	总计
		个体	优树	群体	个体	选育品种	无性系	地方品种	优树	群体	单株		
石岩枫	*Mallotus repandus*（Willd.）Muell. Arg.			1									1
乌桕	*Sapium sebiferum*（Linn.）Roxb.	5		3							5		13
油桐	*Vernicia fordii*（Hemsl.）Airy Shaw											1	1
铜钱树	*Paliurus hemsleyanus* Rehd.											1	1
圆叶鼠李	*Rhamnus globosa* Bunge			1									1
雀梅藤	*Sageretia thea*（Osbeck）Johnst.			1									1
枣	*Ziziphus jujuba* Mill.				1								1
酸枣	*Ziziphus jujuba* var. *spinosa*（Bunge）Hu ex H. F. Chow	1		1									2
蛇葡萄	*Ampelopsis glandulosa*（Wall.）Momiy.											1	1
五叶地锦	*Parthenocissus quinquefolia*（Linn.）Planch.											1	1
爬山虎	*Parthenocissus tricuspidata*（Sieb. et Zucc.）Planch.			1									1
蘡薁	*Vitis bryoniifolia* Bunge	1		2									3
葡萄	*Vitis vinifera* Linn.											1	1
全缘叶栾树（黄山栾树）	*Koelreuteria integrifolia* Merr.										1		1

续 表

种(品种)	种(品种)学名	野生林木			栽培利用						古树名木	来源不明	总计
		个体	优树	群体	个体	选育品种	无性系	地方品种	优树	群体	单株		
栾树	*Koelreuteria paniculata* Laxm.											1	1
无患子	*Sapindus saponaria* Linn.									1			1
七叶树	*Aesculus chinensis* Bunge											1	1
三角枫	*Acer buergerianum* Miq.	3		1							1		5
鸡爪槭	*Acer palmatum* Thunb.									1			1
红枫	*Acer palmatum* 'Atropurpureum'						1						1
羽毛槭	*Acer palmatum* 'Dissectum'						1						1
五角枫	*Acer pictum* subsp. *mono*（Maxim.）Ohashi											1	1
挪威槭	*Acer platanoides* Linn.											1	1
糖枫(糖槭)	*Acer saccharum* Marsh.											1	1
中华槭	*Acer sinense* Pax											1	1
茶条槭	*Acer tataricum* subsp. *ginnala*（Maxim.）Wesmael			1									1
南酸枣	*Choerospondias axillaris*（Roxb.）Burtt et Hill				2								2
黄连木	*Pistacia chinensis* Bunge	3	1	1	1						6		12

续 表

种(品种)	种(品种)学名	野生林木			栽培利用						古树名木	来源不明	总计
		个体	优树	群体	个体	选育品种	无性系	地方品种	优树	群体	单株		
臭椿	*Ailanthus altissima* Swingle	1		1	1						1		4
苦楝	*Melia azedarach* Linn.	1		2	8						1		12
香椿	*Toona sinensis*（A. Juss.）Roem.			1	9								10
金橘(金柑)	*Citrus japonica* Thunb.											1	1
文旦	*Citrus maxima*（Burm.）Osbeck											1	1
香橼	*Citrus medica* Linn.											1	1
柑橘	*Citrus reticulata* Blanco											1	1
竹叶花椒	*Zanthoxylum armatum* DC.			1									1
花椒	*Zanthoxylum bungeanum* Maxim.				1								1
青花椒(崖椒)	*Zanthoxylum schinifolium* Sieb. et Zucc.											1	1
野花椒	*Zanthoxylum simulans* Hance											1	1
八角金盘	*Fatsia japonica*（Thunb.）Decne et Planch.									1			1
中华常春藤	*Hedera nepalensis* var. *sinensis*（Tobl.）Rehd.											1	1
刺楸	*Kalopanax septemlobus*（Thunb.）Koidz.											1	1

续　表

种(品种)	种(品种)学名	野生林木			栽培利用						古树名木	来源不明	总计
		个体	优树	群体	个体	选育品种	无性系	地方品种	优树	群体	单株		
鹅掌柴	*Schefflera heptaphylla*（Linn.）Frodin											1	1
通脱木(通草)	*Tetrapanax papyrifer*（Hook.）K. Koch											1	1
锦绣杜鹃	*Rhododendron* × *pulchrum* Sweet											1	1
杜鹃	*Rhododendron simsii* Planch.											1	1
蓝莓	*Vaccinium corymbosum* Linn.											1	1
瓶兰花	*Diospyros armata* Hemsl.											1	1
柿	*Diospyros kaki* var. *sylvestris* Makino				8						8		16
南通小方柿	*Diospyros kaki* ‘Nantongxiaofangshi’							1					1
秤锤树	*Sinojackia xylocarpa* Hu											1	1
赛山梅	*Styrax confusus* Hemsl.			1									1
光亮山矾	*Symplocos lucida*（Thunb.）Sieb. et Zucc.											1	1
白檀	*Symplocos paniculata*（Thunb.）Miq.			1									1
紫金牛	*Ardisia japonica*（Thunb.）Bl.			1									1
非洲茉莉	*Fagraea ceilanica* Thunb.											1	1

续　表

种(品种)	种(品种)学名	野生林木			栽培利用						古树名木	来源不明	总计
		个体	优树	群体	个体	选育品种	无性系	地方品种	优树	群体	单株		
长春花	*Catharanthus roseus*（Linn.）G. Don											1	1
夹竹桃	*Nerium oleander* Linn.									1			1
白花夹竹桃	*Nerium oleander* 'Paihua'						1						1
重瓣夹竹桃	*Nerium oleander* 'Plenum'						1						1
络石	*Trachelospermum jasminoides*（Lindl.）Lem.			1							1		2
花叶络石	*Trachelospermum jasminoides* 'Variegatum'						1						1
蔓长春花	*Vinca major* Linn.											1	1
花叶蔓长春花	*Vinca major* 'Variegata'						1						1
枸杞	*Lycium chinense* Mill.			1							1		2
珊瑚樱	*Solanum pseudocapsicum* Linn.									1			1
厚壳树	*Ehretia acuminata*（DC.）R. Br.	2		2							1		5
华紫珠	*Callicarpa cathayana* H. T. Chang											1	1
白棠子树	*Callicarpa dichotoma*（Lour.）K. Koch											1	1
蒙古莸	*Caryopteris mongolica* Bunge											1	1

续 表

种(品种)	种(品种)学名	野生林木			栽培利用						古树名木	来源不明	总计
		个体	优树	群体	个体	选育品种	无性系	地方品种	优树	群体	单株		
臭牡丹	*Clerodendrum bungei* Steud.											1	1
海州常山	*Clerodendrum trichotomum* Thunb.			2									2
五色梅（马缨丹）	*Lantana camara* Linn.											1	1
黄荆	*Vitex negundo* Linn.											1	1
牡荆	*Vitex negundo* var. *cannabifolia*（Sieb. et Zucc.）Hand. -Mazz.											1	1
大叶醉鱼草	*Buddleja davidii* Franch.											1	1
醉鱼草	*Buddleja lindleyana* Fortune											1	1
雪柳	*Fontanesia phillyreoides* subsp. *fortunei*（Carrière）Yalt.	1		2	3								6
金钟花	*Forsythia viridissima* Lindl.											1	1
美国白蜡树	*Fraxinus americana* Linn.											1	1
白蜡树	*Fraxinus chinensis* Roxb.											1	1
探春花	*Jasminum floridum* Bunge											1	1

续 表

种(品种)	种(品种)学名	野生林木			栽培利用						古树名木	来源不明	总计
		个体	优树	群体	个体	选育品种	无性系	地方品种	优树	群体	单株		
云南黄素馨	*Jasminum mesnyi* Hance											1	1
迎春花	*Jasminum nudiflorum* Lindl.											1	1
金森女贞	*Ligustrum japonicum* ‘Howardii’						1						1
女贞	*Ligustrum lucidum* Ait.				3						4		7
卵叶女贞（花叶女贞）	*Ligustrum ovalifolium* Hassk.											1	1
金边女贞	*Ligustrum ovalifolium* ‘Aureum’						1						1
小叶女贞	*Ligustrum quihoui* Carr.									1			1
花叶小叶女贞	*Ligustrum quihoui* ‘Variegatum’						1						1
小蜡	*Ligustrum sinense* Lour.			1									1
花叶小蜡树	*Ligustrum sinense* ‘Variegatum’						1						1
金叶女贞	*Ligustrum* × *vicaryi* Hort											1	1
油橄榄	*Olea europaea* Linn.				1								1
桂花	*Osmanthus fragrans*（Thunb.）Lour.				9					1	14		24
丹桂	*Osmanthus fragrans*（Aurantiacus Group）						1						1

续 表

种(品种)	种(品种)学名	野生林木			栽培利用						古树名木	来源不明	总计
		个体	优树	群体	个体	选育品种	无性系	地方品种	优树	群体	单株		
银桂	*Osmanthus fragrans*（Latifolias Group）						1						1
金桂	*Osmanthus fragrans*（Thunbergii Group）				1		1						2
紫丁香	*Syringa oblata* Lindl.				1								1
兰考泡桐	*Paulownia elongata* S. Y. Hu											1	1
毛泡桐	*Paulownia tomentosa* Steud.				2					1	1		4
凌霄	*Campsis grandiflora*（Thunb.）Schum.											1	1
美国凌霄	*Campsis radicans*（Linn.）Bureau											1	1
楸树	*Catalpa bungei* C. A. Mey.				1						1		2
梓树	*Catalpa ovata* G. Don										1		1
黄金树	*Catalpa speciosa*（Barney）Engelm				2				1		3		6
虎刺	*Damnacanthus indicus* Gaertn. f.											1	1
栀子花	*Gardenia jasminoides* Ellis									1			1
雀舌栀子	*Gardenia jasminoides* ‘Radicans’						1						1
六月雪	*Serissa foetida*（Linn. f.）Comm.			1									1

续 表

种(品种)	种(品种)学名	野生林木			栽培利用						古树名木	来源不明	总计
		个体	优树	群体	个体	选育品种	无性系	地方品种	优树	群体	单株		
日本珊瑚树	*Viburnum awabuki* K. Kock.										1		1
荚蒾	*Viburnum dilatatum* Thunb.											1	1
绣球荚蒾	*Viburnum macrocephalum* Fort.											1	1
琼花	*Viburnum macrocephalum* f. keteleeri (Carrière) Rehder											1	1
蝴蝶荚蒾	*Viburnum plicatum* f. *tomentosum* (Miq.) Rehd.											1	1
雪球荚迷	*Viburnum plicatum* Thunb.											1	1
大花六道木	*Abelia* × *grandiflora* (André) Rehd.											1	1
忍冬(金银花)	*Lonicera japonica* Thunb.											1	1
金银忍冬	*Lonicera maackii* (Rupr.) Maxim.				1						1		2
接骨木	*Sambucus williamsii* Hance				1								1
海仙花	*Weigela coraeensis* Thunb.											1	1
锦带花	*Weigela florida* (Bunge) A. DC.											1	1
红王子锦带花	*Weigela florida* 'Red Prince'						1						1
芙蓉菊	*Crossostephium chinensis* (A. Gray ex L.) Makino											1	1

续 表

种(品种)	种(品种)学名	野生林木			栽培利用						古树名木	来源不明	总计
		个体	优树	群体	个体	选育品种	无性系	地方品种	优树	群体	单株		
加拿利海枣	*Phoenix canariensis* Chabaud											1	1
棕榈	*Trachycarpus fortunei*（Hook. f.）H. Wendl.									1			1
孝顺竹	*Bambusa multiplex*（Lour.）Raeusch. ex Schult.											1	1
黄金间碧竹	*Bambusa vulgaris* ‘Vittata’						1						1
箬竹	*Indocalamus tessellatus*（Munro）Keng f.											1	1
毛竹	*Phyllostachys edulis*（Carrière）J. Houz.											1	1
龟甲竹	*Phyllostachys edulis* f. *heterocycla*（Carrière）V. N. Vassil.											1	1
紫竹	*Phyllostachys nigra*（Lodd. ex Lindl.）Munro											1	1
早园竹	*Phyllostachys propinqua* McClure											1	1
湘妃竹	*Phyllostachys reticulata* ‘Lacrima-deae’						1						1
金竹	*Phyllostachys sulphurea*（Carr.）Riv. et C. Riv.											1	1
苦竹	*Pleioblastus amarus*（Keng）Keng f.											1	1

续 表

种(品种)	种(品种)学名	野生林木			栽培利用						古树名木	来源不明	总计
		个体	优树	群体	个体	选育品种	无性系	地方品种	优树	群体	单株		
菲白竹	*Pleioblastus fortunei* ‘Variegatus’						1						1
短穗竹	*Semiarundinaria densiflora*（Rendle）T. H. Wen			1									1
假叶树	*Ruscus aculeatus* Linn.											1	1
凤尾丝兰	*Yucca gloriosa* Linn.											1	1
菝葜	*Smilax china* Linn.											1	1
	总计(份)	86	2	90	256	11	41	2	14	40	683	176	1401（1 225）

附录Ⅲ

南通市木本植物名录

科	属	种中文名	种拉丁学名	品种中文名	品种拉丁学名	生活型
种子植物门 Spermatophyta 裸子植物亚门 Gymnospermae						
苏铁科	苏铁属	*苏铁(铁树)	*Cycas revoluta* Thunb.			常绿针叶乔木
银杏科	银杏属	*银杏	*Ginkgo biloba* Linn.			落叶阔叶乔木
银杏科	银杏属			*佛指银杏	*Ginkgo biloba* ‘Fozhi’	落叶阔叶乔木
松科	雪松属	*雪松	*Cedrus deodara*（Roxb.）G. Don			常绿针叶乔木
松科	松属	*白皮松	*Pinus bungeana* Zucc. ex Endl.			常绿针叶乔木
松科	松属	*赤松	*Pinus densiflora* Sieb. et Zucc.			常绿针叶乔木
松科	松属	*湿地松	*Pinus elliottii* Engelm.			常绿针叶乔木
松科	松属	*欧洲黑松	*Pinus nigra* Arn.			常绿针叶乔木
松科	松属	*日本五针松	*Pinus parviflora* Sieb. et Zucc.			常绿针叶乔木
松科	松属	*黑松	*Pinus thunbergii* Parl.			常绿针叶乔木

续 表

科	属	种中文名	种拉丁学名	品种中文名	品种拉丁学名	生活型
杉科	柳杉属	* 柳杉	*Cryptomeria fortunei* Hooibrenk ex Otto et Dietr.			常绿针叶乔木
杉科	柳杉属	* 日本柳杉	*Cryptomeria japonica*（Linn. f.）D. Don			常绿针叶乔木
杉科	杉木属	* 杉木	*Cunninghamia lanceolata*（Lamb.）Hook.			常绿针叶乔木
杉科	油杉属	* 江南油杉	*Keteleeria fortunei* var. *cyclolepis*（Flous）Silba			常绿针叶乔木
杉科	水杉属	* 水杉	*Metasequoia glyptostroboides* Hu et Cheng			落叶针叶乔木
杉科	落羽杉属	* 东方杉	× *Taxodiomera peizhongii*			常绿针叶乔木
杉科	落羽杉属	* 落羽杉	*Taxodium distichum*（Linn.）Rich.			落叶针叶乔木
杉科	落羽杉属	* 池杉	*Taxodium distichum* var. *imbricatum*（Nutt.）Croom			落叶针叶乔木
杉科	落羽杉属			* 中山杉	*Taxodium glyptostroboides* 'Zhongshanshan'	常绿针叶乔木
柏科	扁柏属	* 日本花柏	*Chamaecyparis pisifera*（Sieb. et Zucc.）Endl.			常绿针叶乔木
柏科	柏木属	* 柏木	*Cupressus funebris* Endl.			常绿针叶乔木
柏科	柏木属			* 蓝冰柏	*Cupressus arizonica* var. *glabra* 'Blue Ice'	常绿针叶乔木

续 表

科	属	种中文名	种拉丁学名	品种中文名	品种拉丁学名	生活型
柏科	刺柏属	*刺柏	*Juniperus formosana* Hayata			常绿针叶乔木
柏科	刺柏属	*杜松	*Juniperus rigida* Sieb. et Zucc.			常绿针叶乔木
柏科	侧柏属	*侧柏	*Platycladus orientalis*（Linn.）Franco			常绿针叶乔木
柏科	圆柏属	*圆柏	*Juniperus chinensis*（Linn.）Ant.			常绿针叶乔木
柏科	圆柏属			*龙柏	*Juniperus chinensis* ‘Kaizuca’	常绿针叶乔木
罗汉松科	罗汉松属	*罗汉松	*Podocarpus macrophyllus* D. Don			常绿针叶乔木
罗汉松科	罗汉松属	*短叶罗汉松	*Podocarpus macrophyllus* var. *maki* Endl.			常绿针叶乔木
罗汉松科	罗汉松属			*雀舌罗汉松	*Podocarpus macrophyllus* ‘Queshe’	常绿针叶乔木
红豆杉科	红豆杉属	*南方红豆杉	*Taxus chinensis* var. *mairei*（Lemée et H. Lév.）L. K. Fu et Nan Li			常绿针叶乔木
红豆杉科	榧属			*香榧	*Torreya grandis* ‘Merrillii’	常绿针叶乔木

续　表

科	属	种中文名	种拉丁学名	品种中文名	品种拉丁学名	生活型
被子植物亚门 Angiospermae 双子叶植物纲 Dicotyledoneae						
木兰科	鹅掌楸属	*鹅掌楸（马褂木）	*Liriodendron chinense*（Hemsl.）Sargent.			落叶阔叶乔木
木兰科	木兰属	*天目玉兰	*Magnolia amoena*（W. C. Cheng）D. L. Fu			落叶阔叶乔木
木兰科	木兰属	*玉兰	*Magnolia denudata*（Desr.）D. L. Fu			落叶阔叶乔木
木兰科	木兰属			*飞黄玉兰	*Magnolia denudata* ‘Fei Wang’	落叶阔叶乔木
木兰科	木兰属	*荷花玉兰（广玉兰）	*Magnolia grandiflora* Linn.			落叶阔叶乔木
木兰科	木兰属	*紫玉兰	*Magnolia liliiflora*（Desr.）D. L. Fu			落叶阔叶乔木
木兰科	木兰属	*二乔玉兰	*Magnolia* × *soulangeana*（Soul. -Bod.）D. L. Fu			落叶阔叶乔木
木兰科	木兰属			*长春二乔玉兰	*Magnolia* × *soulangeana* ‘Spemperiflora’	落叶阔叶乔木
木兰科	含笑属	*台湾含笑	*Michelia compressa*（Maxim.）Sarg.			常绿阔叶乔木
木兰科	含笑属	*含笑	*Michelia figo*（Lour.）Spreng			常绿阔叶灌木

续 表

科	属	种中文名	种拉丁学名	品种中文名	品种拉丁学名	生活型
木兰科	含笑属	*深山含笑	*Michelia maudiae* Dunn			常绿阔叶乔木
蜡梅科	蜡梅属	*蜡梅	*Chimonanthus praecox*（Linn.）Link			落叶阔叶灌木
樟科	樟属	香樟	*Cinnamomum camphora*（Linn.）Presl.			常绿阔叶乔木
樟科	樟属	*肉桂	*Cinnamomum cassia* Nees ex Blume			常绿阔叶乔木
樟科	樟属	*天竺桂	*Cinnamomum japonicum* Sieb.			常绿阔叶乔木
樟科	月桂属	*月桂	*Laurus nobilis* Linn.			常绿阔叶乔木
樟科	山胡椒属	狭叶山胡椒	*Lindera angustifolia* Cheng			落叶阔叶灌木或乔木
樟科	山胡椒属	山胡椒	*Lindera glauca*（Sieb. et Zucc.）Bl.			落叶阔叶灌木或乔木
樟科	楠属	*紫楠	*Phoebe sheareri*（Hemsl.）Gamble			常绿阔叶乔木
毛茛科	铁线莲属	威灵仙	*Clematis chinensis* Osbeck			落叶木质藤本
小檗科	小檗属	*紫叶小檗	*Berberis thunbergii* var. *atropurpurea* Chenault			落叶阔叶灌木
小檗科	十大功劳属	*阔叶十大功劳	*Mahonia bealei*（Fort.）Carr.			常绿阔叶灌木

续 表

科	属	种中文名	种拉丁学名	品种中文名	品种拉丁学名	生活型
小檗科	十大功劳属	* 十大功劳	*Mahonia fortunei*（Lindl.）Fedde			常绿阔叶灌木
小檗科	南天竹属	* 南天竹	*Nandina domestica* Thunb.			常绿阔叶灌木
防己科	木防己属	木防己	*Cocculus orbiculatus*（Linn.）Diels			落叶木质藤本
悬铃木科	悬铃木属	* 二球悬铃木	*Platanus* × *acerifolia*（Aiton）Willd.			落叶阔叶乔木
金缕梅科	蚊母树属	* 蚊母树	*Distylium racemosum* Sieb. et Zucc.			常绿阔叶灌木
金缕梅科	枫香属	枫香	*Liquidambar formosana* Hance			落叶阔叶乔木
金缕梅科	枫香属	* 北美枫香	*Liquidambar styraciflua* Linn.			落叶阔叶乔木
金缕梅科	檵木属	* 红花檵木	*Loropetalum chinense* var. *rubrum* Yieh			常绿阔叶灌木
杜仲科	杜仲属	* 杜仲	*Eucommia ulmoides* Oliv.			落叶阔叶乔木
榆科	朴属	* 紫弹树	*Celtis biondii* Pamp.			落叶阔叶乔木
榆科	朴属	* 小叶朴	*Celtis bungeana* Bl.			落叶阔叶乔木
榆科	朴属	* 珊瑚朴	*Celtis julianae* Schneid.			落叶阔叶乔木
榆科	朴属	朴树	*Celtis sinensis* Pers.			落叶阔叶乔木
榆科	青檀属	* 青檀	*Pteroceltis tatarinowii* Maxim.			落叶阔叶乔木

续 表

科	属	种中文名	种拉丁学名	品种中文名	品种拉丁学名	生活型
榆科	榆属	榔榆	*Ulmus parvifolia* Jacq.			落叶阔叶乔木
榆科	榆属	榆树	*Ulmus pumila* Linn.			落叶阔叶乔木
榆科	榆属	* 垂枝榆	*Ulmus pumila* var. *pendula* Hort. ex Rehd.			落叶阔叶乔木
榆科	榉属	大叶榉树（榉树）	*Zelkova schneideriana* Hand. -Mazz.			落叶阔叶乔木
桑科	构属	构树	*Broussonetia papyrifera*（Linn.）L'Her. ex Vent.			落叶阔叶乔木
桑科	榕属	* 无花果	*Ficus carica* Linn.			落叶阔叶灌木
桑科	榕属	* 榕树	*Ficus microcarpa* Linn. f.			常绿阔叶乔木
桑科	榕属	薜荔	*Ficus pumila* Linn.			常绿阔叶灌木
桑科	柘属	柘树	*Maclura tricuspidata* Carrière			落叶阔叶灌木
桑科	桑属	桑	*Morus alba* Linn.			落叶阔叶乔木或灌木
桑科	桑属	* 鲁桑(湖桑)	*Morus alba* var. *multicaulis*（Perrott.）Loud.			落叶阔叶乔木或灌木
荨麻科	苎麻属	苎麻	*Boehmeria nivea*（Linn.）Hook. f. et Arn.			落叶阔叶亚灌木
荨麻科	苎麻属	悬铃叶苎麻	*Boehmeria tricuspis*（Hance）Makino			落叶阔叶亚灌木
胡桃科	山核桃属	* 山核桃	*Carya cathayensis* Sarg.			落叶阔叶乔木

续 表

科	属	种中文名	种拉丁学名	品种中文名	品种拉丁学名	生活型
胡桃科	山核桃属	*美国山核桃	*Carya illinoinensis*（Wangenh.）K. Koch			落叶阔叶乔木
胡桃科	胡桃属	*黑核桃	*Juglans nigra* Linn.			落叶阔叶乔木
胡桃科	枫杨属	枫杨	*Pterocarya stenoptera* C. DC.			落叶阔叶乔木
杨梅科	杨梅属	*杨梅	*Myrica rubra*（Lour.）Sieb. et Zucc.			常绿阔叶灌木
壳斗科	栗属	*板栗	*Castanea mollissima* Bl.			落叶阔叶乔木
壳斗科	锥属	苦槠	*Castanopsis sclerophylla*（Lindl.）Schott.			常绿阔叶乔木
壳斗科	栎属	麻栎	*Quercus acutissima* Carr.			落叶阔叶乔木
壳斗科	栎属	短柄枹	*Quercus serrata* Thunb.			落叶阔叶乔木
壳斗科	栎属	*德州栎（纳塔栎）	*Quercus nuttallii* Buckley			落叶阔叶乔木
壳斗科	栎属	*栓皮栎	*Quercus variabilis* Bl.			落叶阔叶乔木
桦木科	桤木属	*江南桤木	*Alnus trabeculosa* Hand. -Mazz.			落叶阔叶乔木
芍药科	芍药属	*牡丹	*Paeonia suffruticosa* Andr.			落叶阔叶灌木
山茶科	山茶属	*山茶	*Camellia japonica* Linn.			常绿阔叶灌木
山茶科	山茶属	*茶梅	*Camellia sasanqua* Thunb.			常绿阔叶灌木

续 表

科	属	种中文名	种拉丁学名	品种中文名	品种拉丁学名	生活型
山茶科	山茶属	* 茶	*Camellia sinensis*（Linn.）O. Kuntze			常绿阔叶灌木
山茶科	厚皮香属	* 厚皮香	*Ternstroemia gymnanthera*（Wight et Arn.）Sprague			常绿阔叶灌木
猕猴桃科	猕猴桃属	* 中华猕猴桃	*Actinidia chinensis* Planch.			落叶木质藤本
藤黄科	金丝桃属	* 金丝桃	*Hypericum monogynum* Linn.			半常绿阔叶灌木
杜英科	杜英属	* 杜英	*Elaeocarpus decipiens* Hemsl.			常绿阔叶乔木
椴树科	扁担杆属	扁担杆	*Grewia biloba* G. Don			落叶阔叶灌木
椴树科	椴属	* 华东椴	*Tilia japonica* Simonk.			落叶阔叶乔木
梧桐科	梧桐属	梧桐	*Firmiana simplex*（Linn.）F. W. Wight			落叶阔叶乔木
锦葵科	苘麻属	苘麻	*Abutilon theophrasti* Medicus			落叶阔叶灌木
锦葵科	木槿属	* 海滨木槿	*Hibiscus hamabo* Sieb. et Zucc.			落叶阔叶灌木
锦葵科	木槿属	* 木芙蓉	*Hibiscus mutabilis* Linn.			落叶阔叶灌木或乔木
锦葵科	木槿属	* 木槿	*Hibiscus syriacus* Linn.			落叶阔叶灌木
锦葵科	木槿属			* 红心木槿	*Hibiscus syriacus* ‘Red Heart’	落叶阔叶灌木
刺篱木科	柞木属	柞木	*Xylosma congesta*（Lour.）Merr.			常绿阔叶灌木

续 表

科	属	种中文名	种拉丁学名	品种中文名	品种拉丁学名	生活型
柽柳科	柽柳属	* 柽柳	*Tamarix chinensis* Lour.			落叶针叶灌木或乔木
柽柳科	柽柳属	多枝柽柳	*Tamarix ramosissima* Ledeb.			落叶针叶灌木或乔木
杨柳科	杨属	* 加杨	*Populus* × *canadensis* Moench			落叶阔叶乔木
杨柳科	杨属	响叶杨	*Populus adenopoda* Maxim.			落叶阔叶乔木
杨柳科	柳属	* 垂柳	*Salix babylonica* Linn.			落叶阔叶乔木
杨柳科	柳属	* 爆竹柳	*Salix fragilis* Linn.			落叶阔叶乔木
杨柳科	柳属	旱柳	*Salix matsudana* Koidz.			落叶阔叶乔木
海桐花科	海桐花属	* 海桐	*Pittosporum tobira*（Thunb.）Ait.			常绿阔叶乔木
绣球科	溲疏属	* 溲疏	*Deutzia scabra* Thunb.			落叶阔叶灌木
绣球科	绣球花属	* 绣球	*Hydrangea macrophylla*（Thunb.）Ser.			落叶阔叶灌木
绣球科	绣球花属			* 金边绣球	*Hydrangea macrophylla* 'Aureo-marginatus'	落叶阔叶灌木
蔷薇科	桃属	* 桃	*Amygdalus persica* Linn.			落叶阔叶乔木
蔷薇科	桃属			* 紫叶桃	*Amygdalus persica* 'Atropurpurea'	落叶阔叶乔木
蔷薇科	桃属			* 蟠桃	*Amygdalus persica* 'Compressa'	落叶阔叶乔木

续 表

科	属	种中文名	种拉丁学名	品种中文名	品种拉丁学名	生活型
蔷薇科	桃属			*碧桃	*Amygdalus persica* 'Duplex'	落叶阔叶乔木
蔷薇科	桃属			*锦绣黄桃	*Amygdalus persica* 'Jin Xiu'	落叶阔叶乔木
蔷薇科	桃属			*紫桃	*Amygdalus persica* 'Purple'	落叶阔叶乔木
蔷薇科	桃属			*水蜜桃	*Amygdalus persica* 'Yu Lu'	落叶阔叶乔木
蔷薇科	杏属	*梅	*Armeniaca mume* Sieb.			落叶阔叶乔木
蔷薇科	杏属	*杏	*Armeniaca vulgaris* Lam.			落叶阔叶乔木
蔷薇科	樱属	*欧洲甜樱桃	*Cerasus avium*（Linn.）Moench			落叶阔叶乔木
蔷薇科	樱属	*樱桃	*Cerasus pseudocerasus*（Lindl.）G. Don			落叶阔叶乔木
蔷薇科	樱属	*樱花	*Cerasus serrulata*（Lindl.）G. Don			落叶阔叶乔木
蔷薇科	樱属	*日本晚樱	*Cerasus serrulata* Lindl. var. *lannesiana*（Carr.）Makino			落叶阔叶乔木
蔷薇科	樱属	*东京樱花	*Cerasus yedoensis*（Matsum.）T. T. Yu et C. L. Li			落叶阔叶乔木
蔷薇科	木瓜属	*木瓜	*Chaenomeles sinensis*（Thouin）Koehne			落叶阔叶灌木

续 表

科	属	种中文名	种拉丁学名	品种中文名	品种拉丁学名	生活型
蔷薇科	木瓜属	*贴梗海棠（皱皮木瓜）	*Chaenomeles speciosa*（Sweet）Nakai			落叶阔叶灌木
蔷薇科	枇杷属	*枇杷	*Eriobotrya japonica*（Thunb.）Lindl.			常绿阔叶乔木或灌木
蔷薇科	枇杷属			*白玉枇杷	*Eriobotrya japonica* ‘Baiyu’	常绿阔叶乔木或灌木
蔷薇科	枇杷属			*大红袍枇杷	*Eriobotrya japonica* ‘Dahongpao’	常绿阔叶乔木或灌木
蔷薇科	棣棠属	*棣棠花	*Kerria japonica*（Linn.）DC.			落叶阔叶灌木
蔷薇科	棣棠属	*重瓣棣棠	*Kerria japonica* f. *pleniflora*（Witte）Rehd.			落叶阔叶灌木
蔷薇科	苹果属	*山荆子	*Malus baccata*（Linn.）Borkh.			落叶阔叶乔木
蔷薇科	苹果属	*垂丝海棠	*Malus halliana* Koehne			落叶阔叶乔木
蔷薇科	苹果属			*北美海棠	*Malus micromalus* ‘American’	落叶阔叶乔木
蔷薇科	苹果属	*三裂叶海棠	*Malus sieboldii*（Regel）Rehd.			落叶阔叶乔木
蔷薇科	苹果属	*海棠花	*Malus spectabilis*（Ait.）Borkh.			落叶阔叶乔木
蔷薇科	石楠属	*贵州石楠（椤木石楠）	*Photinia bodinieri* Lévl.			常绿阔叶乔木

续 表

科	属	种中文名	种拉丁学名	品种中文名	品种拉丁学名	生活型
蔷薇科	石楠属	*红叶石楠	*Photinia* × *fraseri* Dress			落叶阔叶灌木
蔷薇科	石楠属			*红宾罗红叶石楠	*Photinia* × *fraseri* 'Red Robin'	落叶阔叶灌木
蔷薇科	石楠属	石楠	*Photinia serrulata* Lindl.			落叶阔叶灌木
蔷薇科	李属	*紫叶李	*Prunus cerasifera* f. *atropurpurea* (Jacq.) Rehd.			落叶阔叶乔木
蔷薇科	李属	*红梅	*Prunus mume* f. *alphandii* (CarriŠre) Rehder			落叶阔叶乔木
蔷薇科	李属	*李	*Prunus salicina* Lindl.			落叶阔叶乔木
蔷薇科	火棘属	*火棘	*Pyracantha fortuneana* (Maxim.) Li			常绿阔叶灌木
蔷薇科	梨属	*梨	*Pyrus* × *michauxii* Bosc ex Poir.			落叶阔叶乔木
蔷薇科	梨属			*爱甘梨	*Pyrus* × *michauxii* 'Ai Gan'	落叶阔叶乔木
蔷薇科	梨属			*丰水梨	*Pyrus* × *michauxii* 'Feng Shui'	落叶阔叶乔木
蔷薇科	梨属			*黄花梨	*Pyrus* × *michauxii* 'Huang Hua'	落叶阔叶乔木
蔷薇科	梨属			*黄金梨	*Pyrus* × *michauxii* 'Huang Jin'	落叶阔叶乔木

续 表

科	属	种中文名	种拉丁学名	品种中文名	品种拉丁学名	生活型
蔷薇科	梨属			* 新高梨	*Pyrus* × *michauxii* 'Xin Gao'	落叶阔叶乔木
蔷薇科	蔷薇属	* 木香	*Rosa banksiae* Aiton			落叶阔叶灌木
蔷薇科	蔷薇属	* 月季	*Rosa chinensis* Jacq.			常绿阔叶灌木
蔷薇科	蔷薇属	金樱子	*Rosa laevigata* Michx.			常绿阔叶灌木
蔷薇科	蔷薇属	野蔷薇	*Rosa multiflora* Thunb.			落叶阔叶灌木
蔷薇科	蔷薇属	* 香水月季	*Rosa odorata*（Andr.）Sweet			常绿阔叶灌木
蔷薇科	蔷薇属	* 玫瑰	*Rosa rugosa* Thunb.			落叶阔叶灌木
蔷薇科	悬钩子属	山莓	*Rubus corchorifolius* Linn. f.			落叶阔叶灌木
蔷薇科	悬钩子属	茅莓	*Rubus parvifolius* Linn.			落叶阔叶灌木
蔷薇科	绣线菊属	* 粉花绣线菊（日本绣线菊）	*Spiraea japonica* Linn. f.			落叶阔叶灌木
含羞草科	合欢属	* 合欢	*Albizia julibrissin* Durazz.			落叶阔叶乔木
含羞草科	合欢属	山合欢	*Albizia kalkora*（Roxb.）Prain			落叶阔叶乔木
云实科	云实属	* 云实	*Caesalpinia decapetala*（Roth）Alston			落叶阔叶灌木
云实科	紫荆属	* 紫荆	*Cercis chinensis* Bunge			落叶阔叶灌木
云实科	紫荆属	湖北紫荆	*Cercis glabra* Pampan.			落叶阔叶灌木
云实科	皂荚属	皂荚	*Gleditsia sinensis* Lam.			落叶阔叶乔木

续 表

科	属	种中文名	种拉丁学名	品种中文名	品种拉丁学名	生活型
云实科	决明属	* 槐叶决明	*Senna sophera*（Linn.）Roxb.			落叶阔叶灌木
蝶形花科	紫穗槐属	紫穗槐	*Amorpha fruticosa* Linn.			落叶阔叶灌木
蝶形花科	锦鸡儿属	* 锦鸡儿	*Caragana sinica*（Buc'hoz）Rehd.			落叶阔叶灌木
蝶形花科	黄檀属	黄檀	*Dalbergia hupeana* Hance			落叶阔叶乔木
蝶形花科	山蚂蝗属	山蚂蝗	*Desmodium racemosum*（Thunb.）DC.			落叶阔叶灌木
蝶形花科	胡枝子属	截叶铁扫帚	*Lespedeza cuneata*（Dum. -Cours.）G. Don			落叶阔叶灌木
蝶形花科	胡枝子属	细梗胡枝子	*Lespedeza virgata*（Thunb.）DC.			落叶阔叶灌木
蝶形花科	葛属	葛藤	*Pueraria montana*（Lour.）Merr.			落叶木质藤本
蝶形花科	刺槐属	刺槐（洋槐）	*Robinia pseudoacacia* Linn.			落叶阔叶乔木
蝶形花科	田菁属	田菁	*Sesbania cannabina*（Retz.）Poir.			落叶阔叶灌木
蝶形花科	槐属	* 国槐	*Sophora japonica* Linn.			落叶阔叶乔木
蝶形花科	槐属			* 金枝国槐	*Sophora japonica* 'Golden Stem'	落叶阔叶灌木
蝶形花科	槐属			* 龙爪槐	*Sophora japonica* 'Pendula'	落叶阔叶灌木
蝶形花科	紫藤属	紫藤	*Wisteria sinensis*（Sims）Sweet			落叶木质藤本

续 表

科	属	种中文名	种拉丁学名	品种中文名	品种拉丁学名	生活型
胡颓子科	胡颓子属	＊佘山羊奶子	*Elaeagnus argyi* Lévl.			落叶或常绿阔叶灌木
胡颓子科	胡颓子属	木半夏	*Elaeagnus multiflora* Thunb.			落叶阔叶灌木
胡颓子科	胡颓子属	＊胡颓子	*Elaeagnus pungens* Thunb.			常绿阔叶灌木
胡颓子科	胡颓子属			＊花叶胡颓子	*Elaeagnus pungens* ‘Variegata’	常绿阔叶灌木
千屈菜科	萼距花属	＊细叶萼距花	*Cuphea hyssopifolia Kunth*			常绿阔叶灌木
千屈菜科	紫薇属	＊尾叶紫薇	*Lagerstroemia caudata* Chun et How ex S. Lee et L. Lau			落叶阔叶灌木
千屈菜科	紫薇属	＊紫薇	*Lagerstroemia indica* Linn.			落叶阔叶灌木
千屈菜科	紫薇属			＊银薇	*Lagerstroemia indica* ‘Alba’	落叶阔叶灌木
千屈菜科	紫薇属			＊翠薇	*Lagerstroemia indica* ‘Amabilis’	落叶阔叶灌木
千屈菜科	紫薇属			＊赤薇	*Lagerstroemia indica* ‘Rubra’	落叶阔叶灌木
千屈菜科	紫薇属	＊南紫薇	*Lagerstroemia subcostata* Koehne			落叶阔叶灌木
瑞香科	结香属	＊结香	*Edgeworthia chrysantha* Lindl.			落叶阔叶灌木
桃金娘科	红千层属	＊红千层	*Callistemon rigidus* R. Br.			常绿阔叶灌木
桃金娘科	香桃木属	＊香桃木	*Myrtus communis* Linn.			常绿阔叶灌木

续 表

科	属	种中文名	种拉丁学名	品种中文名	品种拉丁学名	生活型
石榴科	石榴属	* 石榴	*Punica granatum* Linn.			落叶阔叶灌木
蓝果树科	喜树属	* 喜树	*Camptotheca acuminata* Decne.			落叶阔叶乔木
山茱萸科	桃叶珊瑚属	* 洒金桃叶珊瑚（花叶青木）	*Aucuba japonica* var. *variegata* D'ombr.			常绿阔叶灌木
山茱萸科	山茱萸属	* 红瑞木	*Cornus alba* Linn.			落叶阔叶灌木
山茱萸科	山茱萸属	* 灯台树	*Cornus controversa* Hemsl.			落叶阔叶乔木
山茱萸科	山茱萸属	* 梾木	*Cornus macrophylla* Wall.			落叶阔叶乔木
山茱萸科	山茱萸属	* 毛梾	*Cornus walteri* Wangerin			落叶阔叶乔木
山茱萸科	山茱萸属	* 光皮梾木	*Cornus wilsoniana* Wangerin			落叶阔叶乔木
卫矛科	卫矛属	卫矛	*Euonymus alatus*（Thunb.）Siebold			落叶阔叶灌木
卫矛科	卫矛属	扶芳藤	*Euonymus fortunei*（Turcz.）Hand. -Mazz.			常绿阔叶灌木
卫矛科	卫矛属	* 冬青卫矛	*Euonymus japonicus* Thunb.			常绿阔叶乔木或灌木
卫矛科	卫矛属			* 金边冬青卫矛	*Euonymus japonicus* 'Aureo-marginatus'	常绿阔叶乔木或灌木
卫矛科	卫矛属	白杜（丝棉木）	*Euonymus maackii* Rupr.			常绿阔叶乔木或灌木
冬青科	冬青属			* 金边圣诞冬青	*Ilex aquifolium* 'Aureomarginata'	常绿阔叶乔木

续 表

科	属	种中文名	种拉丁学名	品种中文名	品种拉丁学名	生活型
冬青科	冬青属	冬青	*Ilex chinensis* Sims			常绿阔叶乔木
冬青科	冬青属	* 枸骨冬青	*Ilex cornuta* Lindl. ex Paxt.			常绿阔叶灌木或乔木
冬青科	冬青属			* 花叶枸骨冬青	*Ilex cornuta* ‘Aureomarginata’	常绿阔叶灌木或乔木
冬青科	冬青属			* 无刺枸骨	*Ilex cornuta* ‘Fortunei’	常绿阔叶灌木或乔木
冬青科	冬青属	* 龟甲冬青	*Ilex crenata* var. *convexa* Makino.			常绿阔叶灌木或乔木
冬青科	冬青属	* 大叶冬青（苦丁茶）	*Ilex latifolia* Thunb.			常绿阔叶乔木
冬青科	冬青属	* 铁冬青	*Ilex rotunda* Thunb.			常绿阔叶灌木或乔木
黄杨科	黄杨属	* 雀舌黄杨	*Buxus bodinieri* Lévl.			常绿阔叶灌木
黄杨科	黄杨属	* 匙叶黄杨	*Buxus harlandii* Hanelt			常绿阔叶灌木
黄杨科	黄杨属	大叶黄杨	*Buxus megistophylla* Lévl.			常绿阔叶灌木
黄杨科	黄杨属	* 黄杨（瓜子黄杨）	*Buxus sinica*（Rehd. et Wils.）M. Cheng			常绿阔叶灌木
大戟科	山麻杆属	* 山麻杆	*Alchornea davidii* Franch.			落叶阔叶灌木

续 表

科	属	种中文名	种拉丁学名	品种中文名	品种拉丁学名	生活型
大戟科	秋枫属	*重阳木	*Bischofia polycarpa*（Lévl.）Airy Shaw			落叶阔叶乔木
大戟科	白饭树属	一叶荻	*Flueggea suffruticosa*（Pall.）Baill.			落叶阔叶灌木
大戟科	算盘子属	算盘子	*Glochidion puberum*（Linn.）Hutch.			落叶阔叶直立灌木
大戟科	野桐属	野梧桐	*Mallotus japonicus*（Thunb.）Muell. Arg.			落叶阔叶灌木或乔木
大戟科	野桐属	石岩枫	*Mallotus repandus*（Willd.）Muell. Arg.			落叶阔叶灌木
大戟科	乌桕属	乌桕	*Sapium sebiferum*（Linn.）Roxb.			落叶阔叶乔木
大戟科	油桐属	*油桐	*Vernicia fordii*（Hemsl.）Airy Shaw			落叶阔叶乔木
鼠李科	马甲子属	铜钱树	*Paliurus hemsleyanus* Rehd.			落叶阔叶乔木
鼠李科	鼠李属	圆叶鼠李	*Rhamnus globosa* Bunge			落叶阔叶灌木
鼠李科	雀梅藤属	雀梅藤	*Sageretia thea*（Osbeck）Johnst.			常绿阔叶灌木
鼠李科	枣属	*枣	*Ziziphus jujuba* Mill.			落叶阔叶乔木
鼠李科	枣属	酸枣	*Ziziphus jujuba* var. *spinosa*（Bunge）Hu ex H. F. Chow			落叶阔叶乔木

续 表

科	属	种中文名	种拉丁学名	品种中文名	品种拉丁学名	生活型
葡萄科	蛇葡萄属	蛇葡萄	*Ampelopsis glandulosa*（Wall.）Momiy.			落叶木质藤本
葡萄科	爬山虎属	* 五叶地锦	*Parthenocissus quinquefolia*（Linn.）Planch.			落叶木质藤本
葡萄科	爬山虎属	* 爬山虎	*Parthenocissus tricuspidata*（Sieb. et Zucc.）Planch.			落叶木质藤本
葡萄科	葡萄属	蘡薁	*Vitis bryoniifolia* Bunge			落叶木质藤本
葡萄科	葡萄属	* 葡萄	*Vitis vinifera* Linn.			落叶木质藤本
无患子科	栾树属	* 全缘叶栾树（黄山栾树）	*Koelreuteria integrifolia* Merr.			落叶阔叶乔木
无患子科	栾树属	* 栾树	*Koelreuteria paniculata* Laxm.			落叶阔叶乔木
无患子科	无患子属	* 无患子	*Sapindus saponaria* Linn.			落叶阔叶乔木
七叶树科	七叶树属	* 七叶树	*Aesculus chinensis* Bunge			落叶阔叶乔木
槭树科	槭属	三角枫	*Acer buergerianum* Miq.			落叶阔叶乔木
槭树科	槭属	* 鸡爪槭	*Acer palmatum* Thunb.			落叶阔叶乔木
槭树科	槭属			* 红枫	*Acer palmatum* ‘Atropurpureum’	落叶阔叶乔木
槭树科	槭属			* 羽毛槭	*Acer palmatum* ‘Dissectum’	落叶阔叶乔木
槭树科	槭属	* 五角枫	*Acer pictum* subsp. *mono*（Maxim.）Ohashi			落叶阔叶乔木

续 表

科	属	种中文名	种拉丁学名	品种中文名	品种拉丁学名	生活型
槭树科	槭属	*挪威槭	*Acer platanoides* Linn.			落叶阔叶乔木
槭树科	槭属	*糖枫(糖槭)	*Acer saccharum* Marsh.			落叶阔叶乔木
槭树科	槭属	*中华槭	*Acer sinense* Pax			落叶阔叶乔木
槭树科	槭属	茶条槭	*Acer tataricum* subsp. *ginnala* (Maxim.) Wesmael			落叶阔叶乔木
漆树科	南酸枣属	*南酸枣	*Choerospondias axillaris* (Roxb.) Burtt et Hill			落叶阔叶乔木
漆树科	黄连木属	*黄连木	*Pistacia chinensis* Bunge			落叶阔叶乔木
苦木科	臭椿属	臭椿	*Ailanthus altissima* Swingle			落叶阔叶乔木
楝科	楝属	苦楝	*Melia azedarach* Linn.			落叶阔叶乔木
楝科	香椿属	*香椿	*Toona sinensis* (A. Juss.) Roem.			落叶阔叶乔木
芸香科	柑橘属	*金橘(金柑)	*Citrus japonica* Thunb.			常绿阔叶灌木
芸香科	柑橘属	*文旦	*Citrus maxima* (Burm.) Osbeck			常绿阔叶灌木
芸香科	柑橘属	*香橼	*Citrus medica* Linn.			常绿阔叶灌木
芸香科	柑橘属	*柑橘	*Citrus reticulata* Blanco			常绿阔叶灌木
芸香科	花椒属	竹叶花椒	*Zanthoxylum armatum* DC.			常绿阔叶灌木或乔木
芸香科	花椒属	*花椒	*Zanthoxylum bungeanum* Maxim.			落叶阔叶灌木
芸香科	花椒属	青花椒(崖椒)	*Zanthoxylum schinifolium* Sieb. et Zucc.			落叶阔叶灌木

续 表

科	属	种中文名	种拉丁学名	品种中文名	品种拉丁学名	生活型
芸香科	花椒属	野花椒	*Zanthoxylum simulans* Hance			落叶阔叶灌木
五加科	八角金盘属	*八角金盘	*Fatsia japonica*（Thunb.）Decne et Planch.			常绿阔叶灌木或小乔木
五加科	常春藤属	中华常春藤	*Hedera nepalensis* var. *sinensis*（Tobl.）Rehd.			常绿阔叶藤本
五加科	刺楸属	刺楸	*Kalopanax septemlobus*（Thunb.）Koidz.			落叶阔叶乔木
五加科	鹅掌柴属	*鹅掌柴	*Schefflera heptaphylla*（Linn.）Frodin			常绿阔叶灌木
五加科	通脱木属	*通脱木（通草）	*Tetrapanax papyrifer*（Hook.）K. Koch			常绿阔叶灌木
杜鹃花科	杜鹃花属	*锦绣杜鹃	*Rhododendron* × *pulchrum* Sweet			半常绿阔叶灌木
杜鹃花科	杜鹃花属	杜鹃	*Rhododendron simsii* Planch.			落叶阔叶灌木
杜鹃花科	越橘属	*蓝莓	*Vaccinium corymbosum* Linn.			常绿阔叶灌木
柿树科	柿属	*瓶兰花	*Diospyros armata* Hemsl.			半常绿或落叶阔叶乔木
柿树科	柿属	*柿	*Diospyros kaki* var. *sylvestris* Makino			落叶阔叶乔木
柿树科	柿属			*南通小方柿	*Diospyros kaki* ‘Nantongxiaofangshi’	落叶阔叶乔木

续 表

科	属	种中文名	种拉丁学名	品种中文名	品种拉丁学名	生活型
安息香科	秤锤树属	*秤锤树	*Sinojackia xylocarpa* Hu			落叶阔叶乔木
安息香科	安息香属	赛山梅	*Styrax confusus* Hemsl.			落叶阔叶灌木或小乔木
山矾科	山矾属	*光亮山矾	*Symplocos lucida*（Thunb.）Sieb. et Zucc.			常绿阔叶乔木
山矾科	山矾属	白檀	*Symplocos paniculata*（Thunb.）Miq.			落叶阔叶灌木或小乔木
紫金牛科	紫金牛属	紫金牛	*Ardisia japonica*（Thunb.）Bl.			常绿阔叶灌木
马钱科	灰莉属	*非洲茉莉	*Fagraea ceilanica* Thunb.			常绿木质藤本
夹竹桃科	长春花属	*长春花	*Catharanthus roseus*（Linn.）G. Don			落叶阔叶半灌木
夹竹桃科	夹竹桃属	*夹竹桃	*Nerium oleander* Linn.			常绿阔叶灌木
夹竹桃科	夹竹桃属			*白花夹竹桃	*Nerium oleander* 'Paihua'	常绿阔叶灌木
夹竹桃科	夹竹桃属			*重瓣夹竹桃	*Nerium oleander* 'Plenum'	常绿阔叶灌木
夹竹桃科	络石属	*络石	*Trachelospermum jasminoides*（Lindl.）Lem.			常绿木质藤本
夹竹桃科	络石属			*花叶络石	*Trachelospermum jasminoides* 'Variegatum'	常绿木质藤本

续 表

科	属	种中文名	种拉丁学名	品种中文名	品种拉丁学名	生活型
夹竹桃科	蔓长春花属	＊蔓长春花	*Vinca major* Linn.			落叶阔叶半灌木
夹竹桃科	蔓长春花属			＊花叶蔓长春花	*Vinca major* 'Variegata'	落叶阔叶半灌木
茄科	枸杞属	枸杞	*Lycium chinense* Mill.			落叶阔叶灌木
茄科	茄属	珊瑚樱	*Solanum pseudocapsicum* Linn.			常绿阔叶灌木
紫草科	厚壳树属	＊厚壳树	*Ehretia acuminata*（DC.）R. Br.			落叶阔叶乔木
马鞭草科	紫珠属	＊华紫珠	*Callicarpa cathayana* H. T. Chang			落叶阔叶灌木
马鞭草科	紫珠属	＊白棠子树	*Callicarpa dichotoma*（Lour.）K. Koch			落叶阔叶灌木
马鞭草科	莸属	＊蒙古莸	*Caryopteris mongolica* Bunge			落叶阔叶灌木
马鞭草科	大青属	＊臭牡丹	*Clerodendrum bungei* Steud.			落叶阔叶灌木
马鞭草科	大青属	海州常山	*Clerodendrum trichotomum* Thunb.			落叶阔叶灌木
马鞭草科	马缨丹属	＊五色梅（马缨丹）	*Lantana camara* Linn.			落叶阔叶灌木
马鞭草科	牡荆属	黄荆	*Vitex negundo* Linn.			落叶阔叶灌木或小乔木
马鞭草科	牡荆属	牡荆	*Vitex negundo* var. *cannabifolia*（Sieb. et Zucc.）Hand. -Mazz.			落叶阔叶灌木或小乔木
醉鱼草科	醉鱼草属	＊大叶醉鱼草	*Buddleja davidii* Franch.			落叶阔叶灌木

续 表

科	属	种中文名	种拉丁学名	品种中文名	品种拉丁学名	生活型
醉鱼草科	醉鱼草属	*醉鱼草	*Buddleja lindleyana* Fortune			落叶阔叶灌木
木犀科	雪柳属	雪柳	*Fontanesia phillyreoides* subsp. *fortunei*（Carrière）Yalt.			落叶阔叶灌木或小乔木
木犀科	连翘属	*金钟花	*Forsythia viridissima* Lindl.			落叶阔叶灌木
木犀科	白蜡树属	*美国白蜡树	*Fraxinus americana* Linn.			落叶阔叶大乔木
木犀科	白蜡树属	*白蜡树	*Fraxinus chinensis* Roxb.			落叶阔叶乔木
木犀科	素馨属	*探春花	*Jasminum floridum* Bunge			半常绿阔叶灌木
木犀科	素馨属	*云南黄素馨	*Jasminum mesnyi* Hance			落叶阔叶灌木
木犀科	素馨属	*迎春花	*Jasminum nudiflorum* Lindl.			落叶阔叶灌木
木犀科	女贞属			*金森女贞	*Ligustrum japonicum* 'Howardii'	常绿阔叶灌木
木犀科	女贞属	女贞	*Ligustrum lucidum* Ait.			常绿阔叶灌木或乔木
木犀科	女贞属	*卵叶女贞（花叶女贞）	*Ligustrum ovalifolium* Hassk.			半常绿阔叶灌木
木犀科	女贞属			*金边女贞	*Ligustrum ovalifolium* 'Aureum'	半常绿阔叶灌木
木犀科	女贞属	*小叶女贞	*Ligustrum quihoui* Carr.			落叶阔叶灌木
木犀科	女贞属			*花叶小叶女贞	*Ligustrum quihoui* 'Variegatum'	落叶阔叶灌木

续　表

科	属	种中文名	种拉丁学名	品种中文名	品种拉丁学名	生活型
木犀科	女贞属	*小蜡	*Ligustrum sinense* Lour.			落叶阔叶灌木或小乔木
木犀科	女贞属			*花叶小蜡树	*Ligustrum sinense* 'Variegatum'	落叶阔叶灌木或小乔木
木犀科	女贞属	*金叶女贞	*Ligustrum* × *vicaryi* Hort			落叶阔叶灌木
木犀科	油橄榄属	*油橄榄	*Olea europaea* Linn.			常绿阔叶小乔木
木犀科	木犀属	*桂花	*Osmanthus fragrans*（Thunb.）Lour.			常绿阔叶乔木或灌木
木犀科	木犀属			*丹桂	*Osmanthus fragrans*（Aurantiacus Group）	常绿阔叶乔木或灌木
木犀科	木犀属			*银桂	*Osmanthus fragrans*（Latifolias Group）	常绿阔叶乔木或灌木
木犀科	木犀属			*金桂	*Osmanthus fragrans*（Thunbergii Group）	常绿阔叶乔木或灌木
木犀科	丁香属	*紫丁香	*Syringa oblata* Lindl.			落叶阔叶灌木或小乔木
玄参科	泡桐属	*兰考泡桐	*Paulownia elongata* S. Y. Hu			落叶阔叶乔木
玄参科	泡桐属	*毛泡桐	*Paulownia tomentosa* Steud.			落叶阔叶乔木
紫葳科	凌霄属	*凌霄	*Campsis grandiflora*（Thunb.）Schum.			落叶木质藤木

续 表

科	属	种中文名	种拉丁学名	品种中文名	品种拉丁学名	生活型
紫葳科	凌霄属	* 美国凌霄	*Campsis radicans*（Linn.）Bureau			落叶木质藤木
紫葳科	梓属	* 楸树	*Catalpa bungei* C. A. Mey.			落叶阔叶乔木
紫葳科	梓属	* 梓树	*Catalpa ovata* G. Don			落叶阔叶乔木
紫葳科	梓属	* 黄金树	*Catalpa speciosa*（Barney）Engelm			落叶阔叶乔木
茜草科	虎刺属	虎刺	*Damnacanthus indicus* Gaertn. f.			常绿阔叶灌木
茜草科	栀子属	* 栀子花	*Gardenia jasminoides* Ellis			常绿阔叶灌木
茜草科	栀子属			* 雀舌栀子	*Gardenia jasminoides* ‘Radicans’	常绿阔叶灌木
茜草科	白马骨属	六月雪	*Serissa foetida*（Linn. f.）Comm.			落叶阔叶灌木
五福花科科	接骨木属	接骨木	*Sambucus williamsii* Hance			落叶阔叶灌木或小乔木
五福花科	荚蒾属	* 日本珊瑚树	*Viburnum awabuki* K. Kock.			常绿阔叶灌木或小乔木
五福花科	荚蒾属	* 荚蒾	*Viburnum dilatatum* Thunb.			落叶阔叶灌木
五福花科	荚蒾属	* 绣球荚蒾	*Viburnum macrocephalum* Fort.			落叶阔叶或半常绿阔叶灌木
五福花科	荚蒾属	* 琼花	*Viburnum macrocephalum* f. *keteleeri*（Carrière）Rehder			落叶阔叶灌木

续　表

科	属	种中文名	种拉丁学名	品种中文名	品种拉丁学名	生活型
五福花科	荚蒾属	*蝴蝶荚蒾	*Viburnum plicatum* f. *tomentosum*（Miq.）Rehd.			落叶阔叶灌木
五福花科	荚蒾属	*雪球荚迷	*Viburnum plicatum* Thunb.			落叶阔叶灌木
忍冬科	糯米条属	*大花六道木	*Abelia* × *grandiflora*（André）Rehd.			半常绿阔叶灌木
忍冬科	忍冬属	忍冬（金银花）	*Lonicera japonica* Thunb.			半常绿阔叶藤本
忍冬科	忍冬属	*金银忍冬	*Lonicera maackii*（Rupr.）Maxim.			落叶阔叶灌木
忍冬科	锦带花属	*海仙花	*Weigela coraeensis* Thunb.			落叶阔叶灌木
忍冬科	锦带花属	*锦带花	*Weigela florida*（Bunge）A. DC.			落叶阔叶灌木
忍冬科	锦带花属			*红王子锦带花	*Weigela florida* ‘Red Prince’	落叶阔叶灌木
菊科	芙蓉菊属	*芙蓉菊	*Crossostephium chinensis*（A. Gray ex L.）Makino			落叶阔叶亚灌木
槟榔科	刺葵属	*加拿利海枣	*Phoenix canariensis* Chabaud			常绿阔叶乔木
槟榔科	棕榈属	*棕榈	*Trachycarpus fortunei*（Hook. f.）H. Wendl.			常绿阔叶乔木
禾本科	簕竹属	*孝顺竹	*Bambusa multiplex*（Lour.）Raeusch. ex Schult.			丛生竹类
禾本科	簕竹属			*黄金间碧竹	*Bambusa vulgaris* ‘Vittata’	丛生竹类

续 表

科	属	种中文名	种拉丁学名	品种中文名	品种拉丁学名	生活型
禾本科	箬竹属	* 箬竹	*Indocalamus tessellatus*（Munro）Keng f.			丛生竹类
禾本科	刚竹属	* 毛竹	*Phyllostachys edulis*（Carrière）J. Houz.			散生竹类
禾本科	刚竹属	* 龟甲竹	*Phyllostachys edulis* f. *heterocycla*（Carrière）V. N. Vassil.			散生竹类
禾本科	刚竹属	* 紫竹	*Phyllostachys nigra*（Lodd. ex Lindl.）Munro			散生竹类
禾本科	刚竹属	* 早园竹	*Phyllostachys propinqua* McClure			散生竹类
禾本科	刚竹属			* 湘妃竹	*Phyllostachys reticulata* ‘Lacrima-deae’	散生竹类
禾本科	刚竹属	* 金竹	*Phyllostachys sulphurea*（Carr.）Riv. et C. Riv.			散生竹类
禾本科	苦竹属	* 苦竹	*Pleioblastus amarus*（Keng）Keng f.			丛生竹类
禾本科	苦竹属			* 菲白竹	*Pleioblastus fortunei* ‘Variegatus’	丛生竹类
禾本科	业平竹属	短穗竹	*Semiarundinaria densiflora*（Rendle）T. H. Wen			丛生竹类
百合科	假叶树	* 假叶树	*Ruscus aculeatus* Linn.			常绿阔叶灌木
龙舌兰科	丝兰属	* 凤尾丝兰	*Yucca gloriosa* Linn.			常绿阔叶灌木
菝葜科	菝葜属	菝葜	*Smilax china* Linn.			常绿阔叶灌木

注：* 表示栽培。

附录Ⅳ

南通主要珍稀林木照片

南通最高银杏：胸径 222.9 cm，树高 25.7 m（古树名木，如皋市九华镇赵元村初级中学）

南通最粗银杏：胸径 256.7 cm，树高 23.7 m（古树名木，如皋市搬经镇卢庄村苏正明宅前）

天目玉兰（栽培个体，海门市正余镇三合村）

大叶榉树（栽培个体，海门市三星镇瑞祥村）

秤锤树（来源不明林木种质，崇川区狼山风景区）

扶芳藤：胸径 11.5 cm（古树名木，如皋市水绘园风景区）

杜仲［来源不明林木种质，海安市县孙庄镇陈港村 7 组（思源居）］

江苏最粗蘡薁：胸径 16.5 cm（野生个体，如东县岔河镇兴发村 6 组）

南通最粗酸枣：胸径 23.3 cm（野生个体，崇川区军山风景区山顶气象站）

南通最粗木香：基径 23.2 cm（古树名木，如皋市水绘园风景区）

南通最粗罗汉松：基径 85.3 cm（古树名木，港闸区唐闸镇普贤寺）

江苏最粗尾叶紫薇：胸径 29.8 cm（来源不明林木种质，海门市东洲公园）